Chronik

des

Deutschen Forstwesens

im Jahre 1881.

Bearbeitet von

Wilhelm Weise,

Königl. Oberförster zu Eberswalde.

VII. Jahrgang.

1882

Springer-Verlag Berlin Heidelberg GmbH

ISBN 978-3-662-38948-5   ISBN 978-3-662-39899-9 (eBook)
DOI 10.1007/978-3-662-39899-9

Vorwort.

Der diesjährigen Chronik hat Herr Forstmeister Sprengel mit
seiner bewährten Feder leider nicht zur Disposition gestanden. Mannig=
fache Amtsthätigkeit und ein Augenleiden waren ihm bereits bei der
Herausgabe des letzten Heftes hinderlich und zwangen ihn sodann,
die Fortführung aufzugeben.

Wenn ich in dem vorliegenden Hefte versucht habe, das Bern=
hardt'sche Unternehmen für das Jahr 1881 fortzusetzen, so bin ich
mir in vollem Maße bewußt, daß das Wagniß für mich groß ist.
Das von Bernhardt für diese kleine Schrift ausgegebene Programm:
Kenntniß dessen zu verbreiten, was in den Forstverwaltungen, in
Wirthschaft und Wissenschaft geschieht, was erstrebt und erreicht
wurde, auch was als eine Aufgabe der Zukunft im Auge zu behalten
ist, kann kaum auf so knappem Raume erfüllt werden, wie es allseitig
und auch von mir selbst gewünscht wurde, so lange ich nicht der Ver=
fasser der Chronik war.

Dazu kommt noch, daß die Arbeit schnell geschrieben werden muß
und kaum fertig zum Drucke geht, ihr also das nonum prematur
in annum durchaus nicht zu Gute kommen kann.

Wenn ich dennoch die Schrift in die knappeste Form zu gießen
suchte und nun schnell fortgebe, so stelle ich einen anderen Punkt des
ursprünglichen Programms voran, nämlich den, daß sie solchen

Kollegen, welche den allgemeinen und wissenschaftlichen Bestrebun=
gen ferner stehen, einen Einblick in dieselben geben möge. Findet
er Gefallen daran und hier und da eine Anregung, der er folgt — gut,
dann ist der Zweck erreicht; geschieht es nicht, so ist das gebrachte
pecuniaire Opfer nicht groß, und er legt das Heft aus der Hand
mit demselben Gefühl, wie so oft seine Zeitung, in der wieder einmal
„nichts" gestanden hat.

Eberswalde, am Sylvestertage 1881.

Weise.

Rückschau.

„Wenn es in den letzten zehn Jahren, im Widerspruch
„mit manchen Vorhersagungen und Befürchtungen gelungen
„ist, Deutschland die Segnungen des Friedens zu erhalten,
„so haben Wir doch in keinem Jahre mit dem gleichen Ver=
„trauen auf die Fortdauer dieser Wohlthat in die Zukunft
„geblickt, wie in dem gegenwärtigen. Die Begegnungen, welche
„Wir in Gastein mit dem Kaiser von Oesterreich und König
„von Ungarn, in Danzig mit dem Kaiser von Rußland hatten,
„waren der Ausdruck der engen persönlichen und politischen
„Beziehungen, welche Uns mit den Uns so nahe befreundeten
„Monarchen, und Deutschland mit den beiden mächtigen
„Nachbarreichen verbinden. Diese vom gegenseitigen Vertrauen
„getragenen Beziehungen bilden eine zuverlässige Bürgschaft
„für die Fortdauer des Friedens, auf welche die Politik der
„drei Kaiserreiche in voller Uebereinstimmung gerichtet ist:
„darauf, daß diese gemeinsame Friedenspolitik eine erfolgreiche
„sein werde, dürfen Wir um so sicherer bauen, als auch
„Unsere Beziehungen zu allen anderen Mächten die freund=
„lichsten sind. Der Glaube an die friedliebende Zuverlässig=

„keit der deutschen Politik hat bei allen Völkern einen Bestand
„gewonnen, den zu stärken und zu rechtfertigen wir als unsere
„vornehmste Pflicht gegen Gott und gegen das deutsche Vater-
„land betrachten."

So lautete der Schluß der Botschaft, mit der unser Kaiser am
17. November den Reichstag eröffnen ließ. Um so mächtiger und
gewichtiger klingen diese Worte gegenüber der Thatsache, daß wenige
Tage vorher in Frankreich Gambetta an die Spitze des Ministeriums
getreten war und gleichzeitig die Geschäfte als Minister des Aeußeren
übernommen hatte.

Deutschland im Innern bot kein erfreuliches Bild. Die Begeisterung, welche die Einigung unsres Vaterlandes gebracht hat, ist
aus dem hellbrennenden Flackerfeuer in stille ruhige Gluth über-
gegangen und nun fehlt uns etwas. Keine neue Idee, welche die
Massen über die Misère des täglichen Lebens hebt, ist aufgetaucht —
kein Wunder, wenn sie nun doppelt gefühlt und ausgebeutet wird.
Ein heftiger Wahlkampf ist der Constituirung des neuen Reichstages
vorangegangen, ein Wahlkampf, wie wir ihn bisher so scharf noch
nicht gekannt haben. Wenn man sonst als eine Lichtseite jedes Kampfes
anführen kann, daß er neue Ideen schafft, daß er neuen Kräften zu
ungeahnter, segensreicher Entfaltung verhilft, so ist von diesem kaum
dergleichen zu sagen. Er wurde auf etwas sumpfigem Terrain geführt und die Materie haftete an den Füßen der Streitenden, ja,
drohte sie hinabzuziehen. Die Nachwelt wird es kaum verstehen, daß
gegen einen Mann, wie den Fürsten Bismarck, der von seiner außerordentlichen Befähigung, das Wesen des practischen Lebens und Ge-
triebes zu verstehen, so hohes Zeugniß abgelegt hat, sich eine solche
fanatische Opposition siegreich erheben konnte, wie es vielfach geschehen ist.

Hoffen wir, daß auch aus diesen Kämpfen unser deutsches Vaterland schließlich doch geeinigter und mehr gekräftigt hervorgeht.

Personalien.

1. Preußen:

Gestorben. Oberforstmeister: Krumhaar=Gumbinnen. a. D: v. Brixen. Nicolovius. v. Massow.

Forstmeister: Auhagen=Hannover. Gunckel=Cassel. v. Ernst=Oppeln. v. Schmerfeldt=Cassel. a. D: Peters. Krohn.

Oberförster: Harder=Richlich. Büsch=Jammi. Franz=Weilmünster. Stahl=Eltville. Goebels=Gelnhausen. Platzer=Wildenow. Grohne = Jesberg. Elten = Gemkenthal. Prigge = Xanten. Crelinger=Reinerz. a. D: Vieweger.

Pensionirt. Oberforstmeister: Werneburg=Erfurt. Mangold=Danzig.

Forstmeister: Dittmar=Hersfeldt (Cassel). Grebe=Cassel.

Oberförster: Rembe = Rotenburg. Schraudebach = Weilburg. Busse=Lüneburg. Steinhoff=Winnefeldt. Walther=Naumburg. Köhli=Wilhelmswalde. Kirchner=Giesel. Lentz = Carlshafen. v. Minckwitz=Zeitz. Kramer=Neustadt. Seng=Cladow. Brettmann=Memsen. Grebe=Gottsbüren. Seeling=Borntuchen. Jassoy=Hersfeld.

Ernannt. Zu Oberforstmeistern: Guse=Breslau. Meyer=Potsdam. Hildebrandt=Potsdam. Dittmer=Frankfurt a. O.

Zu Forstmeistern: Morgenroth=Braschen. Mengerssen=Haste. Rüther=Hardegsen. Kopp=Frankenhain. Richter=Wolfgang. Vosfeldt=Grudschütz. Grunert = Hardehausen. v. Stünzner = Colbitz. Stahl=Carlsbrunn. Sachsenröder = Falkenhagen. Nicolovius = Himmelpfort West. Ulrici=Kottwitz.

Zu Oberförstern: Sabarth (Fi). Keßler. Kinner (Fi). Conrades. v. Windheim. Ramsthal. Kroll. Kluge. Steinau. Lade. Baumgardt (Fi). Dehnicke. v. Döhn. Siegfried. Riebel. Zeissig. Linnenbrink. Thadden. Paasch (Fi). Paar. Appel. Wurzer. Schladitz. Simon. Ulrich. Thiel. Schüller. Wiesmann (Fi). Hilsenberg. Sames. Hempel (Fi). Martin II. Tiburtius. Kühn (Fi).

2. Baiern.

Gestorben. Reg.= u. Forstrath v. Hötzendorf.

Forstmeister: Fischhold v. Kehlheim. Goldmayer=Kempten.

Oberförster: Roth-Oberaudorf. Glöslein-Haſſenbach. Maſſenez-Dahn. Schwindl-Allersberg. Stengel-Jagdhaus. Mantel-Hochspeier. Helbling-Anzing. Leich-Neuhofen. Sommer-Buchenberg. Becker-Speier. Völker-Hammelburg. Eckstein-Neuhof. Kraus-Oberbeſſenbach.

Penſionirt. Oberforſtrath: von Paur.

Forſtmeiſter: Hofmann-Regensburg. Zang-Mainberg. Pitzner-Rosenheim.

Oberförſter: Beck-Aurach. Stuirbrink-Hohenecken. Thoma-Loisnitz. Widemann-Thierhaupten. Waſtel-Eichenbühl. Mackert-Annweiler. Zahn-Otterberg. Pfannenſtiel-Ziegetsdorf. Uzuber-Grettstadt. Scharff-Goldkronach. Fideli-Altötting.

Ernannt. Zum Reg.- u. Forſtrath: Forſtm. Mantel.

Zu Forſtmeiſter: Obf. Ewald-Karlſtein. Sator-Poppenlauer. Denk-Ahornberg. Schaaf-Eglharting.

Zu Oberförſtern: Giehrl. Moſer. Höpfner. Meißner. Längenfelder. Freiherr v. Tucher. Löſch. Köhl. Stöhr. Hubrich. Kunkel. Gümbel. Gros. Popp. Martin. Frieß. Hofmann. Weiß. Neuner. Löwenheim. Maſel. Koch. Scheurer. Beck. Diepold. Ulſamer. Volker. Krebs. Schwarzkopf.

Ausgeſchieden. Forſtamtsaſſiſtent Dr. Schwappach. Oberförſter Kickinger. Oberförſter Kleeſpies.

3. Sachſen:

Geſtorben. Forſtinſp.: Ernſt v. Cotta.

Oberförſter: Winkler in Marbach.

Penſionirt. Oberförſter: Böhme in Rochlitz.

Ernannt. Zu Oberförſtern: Förſter Neuhof. Oberf.-Kdt. Gerlach. Förſter Schneider. Der bisherige fürſtlich-ſchönburgiſche Forſtmeiſter Uhlig.

Zu Förſtern: Oberf.Cdt. Meding. Korſelt. Oberf.Cdt. Schulze. Obf.-Cdt. Meißner.

Ausgeſchieden. Oberförſter Baumgarten in Rabenſtein.

4. Württemberg.

Geſtorben. Oberförſter: Schöttle zu Heidenheim. v. Mühlen. Born in Schrezheim. Pöppel in Mergentheim.

Revierförster: Blochmann zu Neuffen. Vollmer zu Rollingen. v. Zeppelin zu Tettnang.

Pensionirt. Forstdirector v. Brecht mit dem Titel und Rang eines Präsidenten und unter Ernennung zum Ehrenvorstand der Forstdirection.

Forstmeister: Asfalg in Sulz.

Oberförster: Hahn in Giengen. Schelling in Zaisersweiher. Herdegen in Gachingen. Landenberger in Hildrizhausen.

Revierförster: Grimm in Dietenheim.

Ernannt. Zum wirkl. Oberforstrath und Vorstand der Forstdirektion: Oberforstrath v. Dorrer.

Zu Oberförstern: die Revierförster Probst, Graseck, Litz, Rau.

Zu Revierförstern: Rev.-A.-Assistenten Muff, Merk, Theurer, Weiger, Schöttle, Hirzel, Schefold, Marz, v. Biberstein. Forstassessor Stahl.

5. Baden:

Gestorben. Forstverwalter a. D. Ganter.

Pensionirt. Oberforstrath Roth in Donaueschingen.

Ernannt. Zum Forstrath: Forstassessor Ziegler.

Zum Hofjägermeister: Oberförster v. Kleiser.

Zum Hofforstmeister: v. Merhart.

Zu Oberförstern: Vogt v. Lautenbach, Alber, Achenbach.

6. Hessen:

Gestorben. Oberförster: a. D. Schenck. v. Schmalkalder.

Pensionirt. Oberforstdirektor Bose.

Forstmeister Nievergolder.

Oberförster: Leo. v. Grolmann.

Ernannt. Zum Oberforstrath im Finanz-Ministerium: Oberförster Wilbrand.

Zu Forstmeistern: Oberförster a. D. Leo. Dr. Heyer.

Zu Oberförstern: Schober, Preuschen, Repp.

7. Mecklenburg-Schwerin:

Pensionirt. Oberförster: Drechsler zu Franzensberg.

Ernannt. Zum Forstmeister: Forstauditor v. Blücher in Dobberan.

Zum Forstcontroleur: Förster Bölte.

Zum Forstinspector: Forstcommissär Bölcken.

8. Elsaß-Lothringen:

Ernannt. Zu Oberforstmeistern: die Forstmeister v. Witzleben-Metz, Solf-Straßburg.

Zu Forstmeister: die Oberförster Koch-Berthelmingen, Hartleben-Buchsweiler.

Zu Oberförstern: Braun, Roth, Hallbauer.

Ausgeschieden. Vogelgesang-Markirch.

9. Schweiz:

Gestorben. Forstinspector Roy in Cernier (Neuenburg).

Gewählt. Zum Forstmeister: Forstinspector Neukomm in Schaffhausen.

Zum Forstinspector: Biolley für das Travers Thal Neuenburg. Niquille in Freiburg. Wulliémoz in Waadt.

Zum Adjuncten: Düggelin in Lachen (Schwyz). Leuzinger in Solothurn.

10. Oesterreich:

Gestorben. Forstdirector Kargl in Linz. Waldschätzungsreferent Ulbrich in Krumnau. Bezirksförster Rieder in Telfs. Forstingenieuradjunct Spanitz. Forstassistent Micklitz. Forstmeister Kamptuer in Salzburg.

Pensionirt. Oberförter Bunzmann in Innsbruck. Förster Simony in Pozoritta. Oberförster Spannring in Gastein. Förster Rozwadowski in Polanica. Förster Meyer in Passeier. Praterinspector Schuster in Wien. Förster Okolowicz in Snieticna. Oberförster Kienesberger in Kierling. Forstverwalter Mayer in Passeier. Oberförster Heberling in Görz.

Ernannt. Tiltscher zum Förster in Jacobeny. Ruef zum Oberförster in Innsbruck. Faber zum Förster in Montana. Witzelsperger zum Forstassistenten in Görz. von Rinaldini zum wirkl. Ministerialrath. Freiherr v. Hohenbruck zum wirkl. Sectionsrath im Ackerbau-Ministerium. Zajicek zum Forstadjuncten in Mals. Mladek zum Forstmeister. Bartsch zum Forstoberingenieur. Schweiger zum Viceforstmeister in Görz. Schontek zum Forstingenieur. Beyer zum Oberförster in Strobl Zinkenbach. Dr. K. Wilhelm habilitirt an der Hochschule für Bodencultur. Schiffel zum Forstingenieuradjuncten.

Fürböck zum Förster in Salzburg. Klier dgl. in Achenthal. Mahr zum Forstassistenten. Menhard, Ridler dgl. Mladeck zum Forst=Referenten für Bosnien. Zemlicka zum Landesforstschätzungs=Commissar in Serajewo. Huber zum Praterinspector in Wien. Reiter zum Forstadjuncten in Imst. Langhanns zum Förster in Gastein. Kargl zum Oberförster in Mardzina. Lutz zum Förster in Ried. Micklitz zum Forstassistenten in Wien. Andronik zum Forstassistenten in Innsbruck. Steinberg zum Waldschätzungsreferenten in Vorarlberg. Queiß zum Forstassistenten in Gmunden. Aichholzer zum Oberförster für Görz.

Die durch Tod und Pensionirung erledigten Stellen werden in etlichen Staaten vor der Neubesetzung bekannt gegeben. Es ist höchst wünschenswerth, daß ein solches Verfahren allgemein eingeschlagen wird. Gerade nach den verlassensten Oberförstereien, deren Inhaber nach einer Reihe von Jahren wohl ein gewisses Vorrecht auf andere haben sollten, dringt die Kunde von der Vacanz begehrenswerther Stellen sehr häufig erst, nachdem sie bereits anderweit vergeben sind. Wer nicht zu spät kommen will, muß einen förmlichen Vorpostendienst vermittelst seiner im Verkehr stehenden Freunde organisiren, ein Ver= fahren, was doch nicht nach Jedermanns Geschmack ist. Dankbar würde es von allen Fachgenossen auch begrüßt werden, wenn aus allen Staaten die erfolgten Veränderungen in den Personalien regel= mäßig und schnell zur Publikation durch die forstlichen Journale kämen wie es z. B. geschieht für Preußen durch die Forstl. Blätter, die Zeitschrift für F. u. J. und die Zeitschrift der deutschen Forstbeamten.

Aus dem Reiche können wir von zwei Gesetzen berichten, von denen das eine die Fürsorge für die Wittwen und Waisen der Reichsbeamten der Civilverwaltung, das andere die Unterstützung von dienstunfähigen Forstschutzbeamten der Gemeinden und öffentlichen Anstalten sowie von Hinterbliebenen solcher Beamten betrifft.

Das erste legt activen wie inactiven Beamten zunächst die Ver= pflichtung auf, Wittwen= und Waisengelder zur Reichskasse zu entrichten und zwar 3% des pensionsfähigen Einkommens, des Wartegeldes oder der Pension. Der Beitrag von 270 Mk. bei Einkommen nnd Wartegeld, von 150 Mk. bei Pensionen soll jedoch der höchste sein.

Dafür zahlt die Reichskasse an die Wittwe den dritten Theil der Pension, welche der Mann am Todestage bei Versetzung in den Ruhestand haben würde, ferner an Waisengeld für jedes Kind bis zum vollendeten 18. Jahre ein Fünftel des Wittwengeldes. Sind die Kinder ganz verwaist, oder verwaisen sie in der Folge, so erhöht sich der Bezug auf ein Drittel des Wittwengeldes für jedes Kind. Als Maximum wird jedoch nur die volle Pension des Mannes gezahlt.

Nach dem zweiten Gesetze ist das Ministerium vorläufig bis zum 1. April 1886 befugt, Beamten der im Titel genannten Kategorie Unterstützungen auf Lebenszeit oder auf eine bestimmte Reihe von Jahren bis zu 400 Mk. zu zahlen. In gleicher Höhe können auch Unterstützungen an Wittwen und Waisen gezahlt werden. Ein Fünftel davon muß die Korporation aufbringen, welcher der Beamte Dienste that, den Rest die Gesammtheit der waldbesitzenden Gemeinden und öffentlichen Anstalten und zwar nach dem Verhältnisse ihrer Beiträge zu den Verwaltungskosten.

In dem letzteren Gesetze übernimmt der Staat eigentlich nur die Vermittelung der Auszahlungen, durch das erste verpflichtet er sich möglicherweise zur Tragung von Lasten. Der Betrag, welcher den Beamten zur Zahlung auferlegt ist, erscheint jedoch so hoch, daß er wohl für die Pensionen und Unterstützungen ausreichen wird. Wir vermissen die Rückzahlung etwaiger Ueberschüsse resp. Ermäßigung des Procentsatzes, wenn dieser sich als mehr wie ausreichend er= weisen sollte.

Die unter staatlicher Protection organisirte Selbsthilfe, wie sie uns in dem Preußischen Beamten = Vereine und in dem Brandver= sicherungs=Vereine Preußischer Forstbeamten entgegen tritt, erweist sich als durchaus lebenskräftig und dabei als eine wirkliche Wohlthat. Der letztere Verein zählte im Februar v. J. 1860 Mitglieder mit einer Gesammtversicherungssumme von 10 365 000 Mk., so daß die Prämie für 1881 bereits eine ansehnliche Höhe erreichen wird. Hoffen wir, daß sie nicht zu sehr in Anspruch genommen wird. Der Zutritt neuer Mitglieder wird voraussichtlich in den nächsten Jahren noch sehr lebhaft erfolgen, da viele Beamte z. Z. noch durch alte mit Versicherungs= Gesellschaften abgeschlossene Verträge gebunden sind. Manche schreckt das sehr specialisirte Formular ab, welches nach etlichen Rich=

tungen allerdings viel verlangt oder zu verlangen scheint, denn gutem Vernehmen nach sind auch bei mehr summarischer Ausfüllung die Versicherungen abgeschlossen. Einige Streichungen würden dem Vereine manchen neuen Freund erwerben.

Der Beamten-Verein hat nach dem letzten vorliegenden Jahres-Abschluß 4069 Lebens- und 1492 Kapitalversicherungen abgeschlossen. Der Geschäftsgewinn war ein beständig wachsender, so daß das 4. Geschäftsjahr mit einem solchen von 138132,$_{41}$ Mk. abschließt, ein Erfolg, der bei den wirklich niedrigen Beitragssätzen ein recht bedeutender ist. Die Verwaltungskosten sind absolut natürlicher Weise gestiegen, relativ aber sehr erheblich gesunken, sie betrugen nur noch 1,92 Mk. pro 1000 Mk. Die für Gründung des Vereins ausgegebenen Antheilscheine sind sämmtlich aus dem Geschäftsgewinn zurückgezahlt, so daß der Stand der Genossenschaft in jeder Beziehung gesichert erscheint. Eine besondere Anerkennung ist dem Streben des Vereins dadurch zu Theil geworden, daß S. Majestät der Kaiser das Protectorat über denselben übernommen hat.

In Oesterreich besteht ein Beamten-Verein mit Tendenzen wie der Preußische bereits seit 1864. Am Schlusse von 1880 zählte derselbe 64030 Mitglieder. Das Vermögen war bis auf 4 Millionen Gulden aufgesummt. Die Einnahme pro 1880 betrug 1 211 623 Gulden, ausgezahlt wurden 394031. Zahlen, welche die Rentabilität des Unternehmens glänzend beweisen. Unter den Forstbeamten hat der Verein merkwürdiger Weise nur wenig Mitglieder. Diese haben in neuester Zeit noch einen andern Weg betreten. Es hat nämlich der Verein zur Förderung der Interessen der Land- und Forstwirthschaftlichen Beamten mit einer Actiengesellschaft einen Vertrag abgeschlossen, welcher den sich Einkaufenden für Invalidität und bei Todesfall den Hinterbliebenen besondere Vortheile gewährt.

Drei milde Stiftungen haben ihre Thätigkeit begonnen: in Baiern (Z. b. b. F. B. pg. 236) die Mettingh-Stiftung, welche den Zweck hat, unbemittelten Beamten namentlich bei entlegenen Wohnsitzen die Erziehung der Kinder zu erleichtern. In Preußen ist es die Seyberth'sche August- und Minchen-Stiftung (Jahrbuch d. Preuß. F. u. J. pg. 115) und die Wilhelms-Stiftung (Daf. pg. 161), erstere mit dem Zweck hülfsbedürftigen Waisen und Kindern von Forstschutzbeamten, welche im Bezirke Wiesbaden dienen oder gedient haben, zur Ausbildung für einen Beruf Unterstützungen zu gewähren, die letztere mit der Aufgabe bedürftigen Söhnen von Forstschutzbeamten die Ausbildung zu Hütern und Pflegern des Waldes und Wildes zu erleichtern.

Leider Gottes hat auch 1881 eine Reihe von Verbrechen gebracht, denen Forst= und Jagdbeamte zum Opfer gefallen sind. Was wir in den forstlichen Journalen und im Waidmann, dem öffentlichen Organ des Allgemeinen Deutschen Jagdschutz=Vereins gefunden haben, möge hier folgen.

Am 27. Februar wurde der Gräflich Fürstenbergische Förster Trembour im Revier Burgholdinghausen von Wilddieben ermordet. (Z. d. d. F. B. pg. 165).

Der Gemeindeförster Goldmann war als Zeuge vor das Amts=gericht geladen und wurde auf dem Heimwege Abends angegriffen zu Boden geschlagen und erheblich verletzt. (Das.)

Der Waidmann druckt politischen Zeitungen folgende Notiz nach: „Wie erinnerlich wurde Mitte August v. J. aus Neustadt (welches?) mitgetheilt, daß der Stadtförster Becker seit einiger Zeit vermißt werde und daß ein gewaltsamer Tod desselben vermuthlich durch Wild=diebe anzunehmen sei. Diese Annahme ist, wie wir erfahren, leider zur traurigen Gewißheit geworden. Auf der Suche nach dem Ver=mißten bei Neustadt wurde auch sein Hund verwendet. Dieser lief nach längerem Winden nach dem Friedhofe, wo er an einem Grabe, in welchem am Sonnabend eine Frau begraben war, zu scharren anfing. Es wurde schließlich zur Oeffnung des Grabes geschritten und unter dem Sarge in der Erde verscharrt fand man die Leiche des Försters. Der Mord desselben ist unzweifelhaft. Das Grab ist am Tage vor der Beerdigung vom Todtengräber gegraben worden und hat die Nacht hindurch offen gestanden. In dieser Nacht ist die Leiche des ermordeten Försters ohne Zweifel von den Mördern verscharrt worden. Vor=läufig soll der Todtengräber in Haft genommen sein.“

In Schmalkalden trifft ein Förster zwei Wilddiebe, die damit beschäftigt sind, ein erlegtes Wild aufzubrechen. Er ruft sie an und erhält als Antwort einen Schuß in den Oberschenkel, worauf die Wilddiebe entfliehen. Der Förster rafft sich aber noch einmal auf, schießt und trifft den einen Frevler so, daß er todt zusammenbricht.

Das Nachspiel dazu ist folgendes: Der Förster wird geheilt und nun wegen Körperverletzung mit tödtlichem Erfolge auf die Anklagebank gebracht. Da er zugiebt die Diebe gekannt und geschossen zu haben, als sie bereits flohen, so wird er zu dem niedrigsten Strafmaße, aber doch zu drei Monaten Gefängniß verurtheilt.

Mitte Juli wurde der Jagdaufseher Warncke auf dem Taugstedter Revier bei Pinneberg in Holstein durch einen Wilddieb erschossen. Der Thäter wurde vom Schwurgericht zu Altona zu lebenslänglicher Zuchthausstrafe verurtheilt.

Witterungsbericht.

Die allgemeine Physiognomie der zwei ersten Monate des Jahres war so, wie wir sie in normalen Jahren erwarten dürfen: Der Winter mit Schnee und Kälte herrschte. Zuerst milde auftretend, verstärkte sich der Frost im zweiten Drittel des Januar sehr erheblich, so daß stellenweise recht niedrige Temperaturen abgelesen wurden; namentlich galt das vom 16. Januar. Auch der 22., 25. und 26. that sich durch geringe Wärme hervor. Am 29. schlug endlich das Wetter um und machte einer Thauwetterperiode Platz, welche ihren ausgeprägten Charakter jedoch nicht lange behielt und nach dem 10. dem richtigen Winter das Feld wieder einräumte. Trat auch strichweise wärmeres Wetter ein, so blieb es doch im Ganzen bis zum Schlusse des Monats recht kalt.

Der März brachte uns mit bald schärferem bald schwächerem Froste jene lang andauernde Periode mit trockenem Ost und Nordost, welche unseren jungen Kiefernculturen unendlichen Schaden that. Ueberall zeigten sich die Nadeln geröthet und bis hinauf zu 7= und 8jährigen Kulturen standen die Pflanzen nachher mit gebräunten Nadeln und dann nackt da.

Vom April erwartet man unbeständiges Wetter, bald Regen und Schnee, bald Sonnenschein. Dieses Mal hatte er seinen Charakter zum großen Theile verloren, denn Trockenheit bei anhaltender Polarströmung des Windes blieb wochenlang herrschend. Nachts Frost, am Tage relativ große Wärme brachten unseren Culturen weiteren Schaden. Die Differenzen zwischen Maximum und Minimum der Temperatur erreichten oft eine außerordentliche Höhe, z. B. am 19. April eine solche von 17°. Die sehr kühlen Nächte und der im Boden steckende Frost hielten glücklicherweise die Vegetation zurück, so daß die Nachtfröste am Ende des Monats fast nirgends Schaden thaten.

Der Mai blieb, nachdem eine kleine Anstrengung zu einer Aenderung gemacht war, seinem Vorgänger treu. Die Polarströmung gewann abermals die Macht, und mit wolkenlosem klaren Himmel und niedriger Temperatur naheten wir uns den gestrengen Herren. Sie thaten pünktlichst ihre Pflicht. Für den 11. Mai (Mamertus) berichtet die Seewarte: In Norddeutschland haben in Folge vermehrter Ausstrahlung stellenweise wieder Nachtfröste und vielfach Reifbildungen stattgefunden. Am 12. Mai werden Nachtfröste gemeldet. Am 13. (Servatius) tritt beträchtliche Erwärmung ein, doch haben sich die Nachtfröste in Ostpreußen wiederholt, in Memel sind — 6° verzeichnet. Bonifacius bringt endlich Wärme, aber leider nur strichweise Regen. Am 17. schneit es im nordwestlichen Deutschland zur Abwechselung einmal wieder. Das letzte Drittel bringt endlich warme Regenschauer, doch wird es nach etlichen Gewittern wieder kühl und bei klaren Nächten treten vielfach neue Nachfröste auf.

Die Vegetation erwachte eigentlich erst nach den gestrengen Herren, dann aber mit großer Energie. Die Baumblüthe fiel in eine günstige Periode, so daß der Fruchtansatz ein reicher wurde. 1881 brachte Früchte fast aller Baumarten, Obst in wirklichem Ueberfluß.

Der Juni machte zunächst ein freundliches Gesicht. Eine Reihe von sehr schönen Sommertagen ließ überall die Reiselust für das Pfingstfest erwachen. Nach allen Richtungen hin führten die Züge die Städter in die Gebirge und Wälder und mit voller Begeisterung wurde das herrliche Bild, was das Frühjahr hervorgezaubert hatte, bewundert. Leider sollte die Freude nicht ungetrübt bleiben. Am Sonnabend vor Pfingsten traten hier und da Gewitter auf und am Pfingstmontag schlug das Wetter vollständig um. Kühles, nasses, windiges mit einem Worte unangenehmes Wetter trat ein. Mit um so größerer Spannung wurden daher des Abends die Wetteraussichten für den nächsten Tag erwartet. Sie lauteten sehr vorsichtig und versprachen fast regelmäßig eine langsame Erwärmung. Das traf denn auch ein, wie mancher Pfingstreisende mit Resignation eingestehen mußte. Fast 10 Tage brauchte diese langsame Erwärmung um die Temperatur wieder zu einer junimäßigen zu machen.

Im Juli sahen wir den ersten Kometen und es bewährte sich bei diesem, daß sein Erscheinen Hitze bringt. Eine wahre Gluthtemperatur herrschte an vielen Tagen vom ersten Sonnenstrahle an. Die versengende Kraft war so groß, daß Pflanzen, die ganz gesund und grün am Morgen dastanden, Abends vollständig verdorrt waren, so daß man die Blätter zu Pulver zerreiben konnte. Als heißeste Tage notiren wir den 6. Juli, die vom 15. — 20., mit dem letzten wohl das Maximum (Memel 32°, Neufahrwasser, Kassel, Leipzig, Kaiserslautern 33½°, Breslau 34°, Wien 33°, München 31½°). Der Umschlag in der Temperatur war sehr groß, die Seewarte registrirte an ihrem Apparate zwischen Maximum und Minimum volle 15°. Doch hielt das kühle Wetter nur kurze Zeit an.

Der August setzte mit recht warmem Wetter ein, der neunte bezeichnet aber schon den Wendepunkt. Hatte bis dahin die Ernte einen ungestörten ruhigen Fortgang nehmen können, so traten nun Verhältnisse ein, die lebhaft an das Vorjahr erinnerten. Nur in einem Punkte waren sie besser, die Temperatur wurde nämlich sehr niedrig, so niedrig, daß ein vollständiger Stillstand in der Vegetation eintrat. Die noch auf dem Felde stehenden Halmfrüchte wuchsen deshalb nicht aus, ja der später fast ununterbrochen heftig wehende Wind trocknete den Regen so schnell ab, daß nur wenige Stunden Sonnenschein genügten, um das Getreide völlig zu trocknen. Mühsam war die Ernte und wie der Landmann zu sagen pflegte, sie mußte vom Felde fuderweise gestohlen werden. Hoffte nun Alles auf einen schönen warmen September, so sollte auch das nicht in Erfüllung gehen. Er war gegen den Durchschnitt vieler Jahre zu naß und zu kalt. Als endlich im letzten Drittel die bis dahin sehr dichte Bewölkung wich, traten namentlich im östlichen Deutschland starke Nachtfröste ein. In Eberswalde stand das Thermometer an der Nordseite des Hauses um 7 Uhr auf — 2° und die Sonne vermochte erst nach längerem Scheinen den dichten Reifpelz zu schmelzen, der auf Blüthen, Blatt und Busch lag. Berlin hat seit 34 Jahren nur einmal ähnliche, geringe Temperaturen für den September notirt. Die gefallenen Regenmengen wurden namentlich dem Obst, die Nachtfröste unseren Waldbaumfrüchten verhängnißvoll. Die Nachmaht litt durch Nässe, so daß die großen Hoffnungen, welche auf ihren Ertrag gesetzt waren, nur zum kleinsten Theile in Erfüllung gingen. Wesentlich zu kalt war der Oktober, für Berlin z. B. mehr als 3° C. Schon der Anfang des Monats brachte Schneefälle. Die Sonne ist nicht viel sichtbar gewesen und ganz heitere Tage gehörten zu den Seltenheiten. In der Nacht vom 14. zum 15. durchbrauste ein Sturm den nörd= lichen Theil von Deutschland mit Windstärken wie sie nur selten auf= treten. Die Magdeburger Wetterwarte, welche den Sturm von Minute zu Minute beobachtete, registrirte für die Abendstunden von 9—10 Uhr 13,6 m in der Secunde, von 10—11 Uhr 16,2 m, von 11—12 Uhr 21,2 m, von 12—1 Uhr 22,7 m und von 1—2 Uhr sogar 27,0 m. Einzelne Stöße besaßen Geschwindigkeiten bis zu 38,5 m, das sind auf eine Stunde $138^1/_2$ km. Kein Wunder, wenn die Waldungen die Spuren dieser wüsten Nacht in zerbrochenen und geworfenen Stämmen aller Arten zeigen, wenn die Frucht herabgeschüttelt wurde, obwohl sie noch nicht reif war. Der Schluß des Monats brachte ebenso wie der Anfang des November recht kaltes Frostwetter, am 5. schlug es jedoch zum vollständigen Frühling um, der nun mit kurzen Unterbrechungen bis in den December hinein anhielt. Selbst Gewitter wurden an vielen Orten verzeichnet. Das Thermometer stand im Durchschnitt höher als im October, eine Erscheinung, die überhaupt noch nicht beobachtet ist, so lange die meteorologischen Aufzeichnungen gemacht werden. Von Mitte December ab trat eine Periode mit geringem Froste ein, die bis zu den Weihnachtstagen anhielt, dann aber wiederum weichem Wetter wich.

Das Jahr 1881 hat durch seine Witterungserscheinungen sich im Ganzen als ein recht anormales gezeigt. Die Zeitungen enthielten nur gar zu oft die Phrase, daß sich die ältesten Leute auf Erscheinungen wie die heurigen nicht besinnen könnten; ein gewisser Humor lag freilich darin, daß dieses Zeugniß bald für Trockenheit, bald für Nässe, bald für Hitze bald für Kälte gefordert wurde. Am Ende des Jahres 1880 wurden die mildesten Winter unseres Jahrhunderts aufgezählt, im Januar die kältesten, trockene heiße Jahre im Juli, nasse kalte im August und September, frühe Winter im Oktober, scharfe Kälte zu Hubertus, merkwürdige Wärme für die übrige Zeit des November.

Sturm, Gewitter, Wolkenbrüche und Hagel haben wir in reichlichem Maße gehabt. Der Schaden, den allein der Hagel verursacht hat, ist so groß, daß die Versicherungs-Gesellschaften ihn in runder Summe auf 10 Millionen Mark angeben.*)

Deutschland ist es aber nicht allein, was unter den wunderlichen Verhältnissen dieses Jahres zu leiden gehabt hat, auch anderwärts ist es so gewesen und namentlich haben wir überall häufig einen

---

*) Ueber die Ernteschäden im Jahre 1880 theilt die „Stat. Corr." mit, daß in Preußen 36,214 Gemeinden resp. Gutsbezirke durch Elementar- oder Witterungseinflüsse, 945 durch Pflanzenkrankheiten oder schädliche Pflanzen und 1553 durch schädliche Thiere Ernteschäden hatten. Unter den Witterungsschäden treten die durch Frost und Kälte besonders hervor, was den kalten Nächten vom 18. — 20. Mai zuzuschreiben ist. Es erlitten nämlich von 54,907 anzeigenden Gemeinden oder Gutsbezirken 17,894, oder 32,6 pCt. durch Frost und Kälte Schäden, während 1879 nur 2027 oder 3,7 pCt. und 1878 3336 oder 6,1 pCt. betroffen wurden. Am verbreitetsten trat der Frost in der Provinz Brandenburg auf, indem hier 3351 oder 63 pCt. aller Gemeinden 2c. durch ihn Ernteschäden erlitten, demnächst folgt Sachsen mit 2057 oder 48,4 pCt., Posen mit 2500 oder 44,9 pCt., Westpreußen mit 40 pCt., Hannover mit 38,0 pCt. und Westfalen und Pommern mit 33 pCt.; in Ostpreußen litten nur 19,1 pCt. und in Hessen-Nassau nur 14,8 pCt. Gemeinden. Nächst den durch Frost und Kälte verursachten Schäden sind die durch Regen und Nässe, Ueberschwemmung und Hagel verursachten 1880 häufig gewesen. Durch Regen und Nässe erlitten Ernteschäden 8604 Gemeinden 2c. oder 15,7 pCt. aller; die meisten in Schlesien, Ost- und Westpreußen, nämlich 1791 und 1639 resp. 1366. Ueberschwemmungen wurden bei 1845 Gemeinden 2c. oder 3,4 pCt. aller gemeldet; davon allein 698 (oder 7,5 pCt.) in Schlesien und 233 (6,3 pCt.) in Westpreußen. Hagelschäden traf 3433 Gemeinden 2c. oder 6,2 pCt. aller; ungemein groß war die Anzahl der in Sachsen davon Betroffenen, nämlich 698 Bezirke oder 16,4 pCt. aller, demnächst folgt Schlesien mit 634 und Ostpreußen mit 413. Dürre und Auswuchs führten in 1505 und resp. 1364 Bezirken Schäden herbei, Mehlthau, Rost, und Mäuse zeigen 1880 eine bedeutende Abnahme mit 481 resp. 334 resp. 469 Fällen. Daß insbesondere der Mäusefraß von 4260 im Jahre 1879 auf die angegebene Zahl von 469 Fällen herabgegangen ist, ist durch die große Nässe und Kälte leicht erklärlich.

jähen Wechsel der Temperatur und frühe Kälte zu registriren. Aus Amerika wird vom Anfang des Oktober geschrieben, daß eine Kälte=welle, die eine Wärmeabnahme von 23° C. mit sich brachte, über das Land gefahren ist. Stellenweise trat Frost ein, wo wenige Stunden zuvor das Thermometer auf 32° C. gestanden hat. Der dabei auftretende Sturm brachte Schnee bis zu 4 Zoll Höhe. In Cheyenne an der Pacific Bahn nördlich von Denver stand am Sonn=tag das Thermometer auf 36° C., am Montag fiel es bis zum Ge=frierpunkte.

Die tägliche Rundschau vom 11. Oktober bringt folgende Notiz über einen furchtbaren Schneesturm, der in dem Städtchen Olensk an der nordsibirischen Küste acht Tage lang unausgesetzt wüthete. Der Schnee fiel dort in solchen Massen, daß er sämmtliche Häuschen der kleinen Stadt begrub. Tag und Nacht waren Arbeiter abwechslungs=weise beschäftigt, Wege auszuschaufeln. Während der letzten zwei Tage des Phänomens waren die Einwohner der Stadt buchstäblich im Schnee begraben, da es trotz aller Anstrengung nicht gelang, irgend eine Kommunication herzustellen. Seit Menschengedenken erinnert man sich dort nicht, ähnliches erlebt zu haben. Viele Wochen lang haben die Bewohner dieses innerhalb des Polarkreises gelegenen Ortes daran zu arbeiten, die ungeheuren Schneemengen zu entfernen, um nur die Wege frei zu schaffen. Aehnliches wird von der ganzen Nordküste Sibiriens berichtet. Eine Kälte von 18—29 Grad Reaumur be=gleitete diese außerordentlichen Schneestürme.

In Galizien und Böhmen froren Rüben und Kartoffeln unge=erntet in der Erde ein.

Möge das neue Jahr sich besser betragen!

Aus der Wirthschaft.

Eine der interessantesten Streitfragen, welche uns das Jahr brachte, stellte Borggreve auf, indem er seinen dringlichen Antrag, Verpachtung von Staatsforstland betr., beim Landes=Oekonomie=Colle=gium einbrachte. Der Antrag lautete:

Das Landes-Oek.-Collegium wolle den Herrn Minister bitten: In ausgedehnterem Maße als bisher die Abholzung, Rodung und Verzeitpachtung von nach Lage und Beschaffenheit zweifellos zur dauernden landwirthschaftlichen Benutzung geeigneten Theilen des Preuß. Staats-Forst-Areals in Erwägung zu nehmen und event.

a. zu diesem Behufe für die einzelnen Regierungsbezirke aus forst-, land- und volkswirthschaftlichen Vertrauensmännern zusammengesetzte Kommissionen mit der schleunigen Abgabe von positiven Vorschlägen über die in erster (und zweiter) Reihe hierzu geeigneten Flächen und die lokal geeignetste Modalität der Urbarmachung und Verzeitpachtung zu betrauen.

b. das auf den Rodeflächen fallende Holzmaterial jedoch auf die bestehenden Abnutzungssätze, in d. R. der betr. Verwaltungs-, ev. wenigstens der Regierungsbezirke, voll in Anrechnung bringen zu lassen, so daß also auf dem bleibenden Waldareal mit mehr absolutem Holzboden hierdurch zugleich eine entsprechende Einsparung und damit Umtriebserhöhung und Steigerung der Werthproduction erreicht wird.

Sachlich wurde der Antrag dahin motivirt, daß die Erzeugnisse des Waldes und insbesondere die aus ihnen zu lösenden Erträge zur Zeit in der Regel nicht mehr berechtigen, seine Erhaltung auf privatem wie öffentlichen Areale zu verlangen, wenn und wo dasselbe offenbar für andere unersetzliche Stoffe producirende und zugleich erheblich einträglichere Bodenwirthschaftsformen dauernd geeignet ist.

In Erkenntniß dieses Umstandes ist namentlich in neuerer Zeit mehr und mehr die indirecte Einwirkung des Waldes auf seine Umgebung insbesondere auf Wasserkreislauf, Klima, Gesundheit 2c. betont.

Fast nichts von all diesem kann vor dem Richterstuhl der nüchternen wissenschaftlichen Untersuchungen resp. statistischen Erhebungen Stich halten, wie Borggreve in wenigen Sätzen, welche die schwächsten Punkte der Gründe angreifen, nachzuweisen sucht.

Etwa fünf Procent der Staatswaldfläche (25—30 Quadratmeilen) würden bei der Rodung in Betracht kommen, eine Fläche, welche durch die Umwandlung wohl schwerlich den etwa vorhandenen günstigen Einfluß des Restwaldes aufheben würde. Die abgeholzte Fläche würde etwa das fünffache an Geld bringen, wie der Bestand Die Urbarmachung des Landes erfordere etwa 30 Millionen Tagelöhne, habe also einen sehr bedeutenden Werth. Auswanderungsluftige könnten durch dieselbe im Lande festgehalten, arbeitsfähige Vaganten beschäftigt werden.

Bei der Versammlung trat Danckelmann als Korreferent auf. Er geht auf die Motivirung ein und bestreitet, daß der Mehrertrag ein so bedeutender ist wie behauptet, denn die Erträge aus demjenigen Lande, was in Betracht kommen könne, stehen höher als bei der Rechnnng in Ansatz gebracht ist. Es sind die Erträge unserer besten Waldböden nicht diejenigen von Böden mittlerer Qualität zu nehmen.

Wenn behauptet werde, daß weder die Erzeugnisse des Waldes noch die Arbeit, welche derselbe liefere, Veranlassung zur Erhaltung oder gar zur Vermehrung desselben geben könnten, so sei darauf hinzu= weisen, daß im deutschen Reiche der Jahreswerth des Ueberschusses der Nutzholzeinfuhr über die Nutzholzausfuhr sich auf etwa 50 Millionen Mark belaufe, daß die Werbung des Holzes und die Waldnutzungen gerade der ärmeren Bevölkerung Gelegenheit gebe, sonst arbeitslose Zeiten nutzbringend zu verwerthen. Die Vortheile des Waldes nach physikalischer Richtung müssen aufrecht erhalten bleiben. Die Vortheile der Rodung sind dagegen überschätzt. Danckelmann kann weder für den ersten noch zweiten Theil des Antrages stimmen, würde aber kein Bedenken tragen, den Wortlaut des Hauptantrages anzunehmen.

Der Vertreter des Ministerii, Oberforstmeister Donner, erklärt sich gegen den Antrag des Referenten, wünscht aber eine möglichst gründliche Behandlung der Frage. Die Staatsregierung wird nach wie vor, darauf Bedacht nehmen, da wo die Verhältnisse es wirklich angezeigt erscheinen lassen, Forstboden der Landwirthschaft zuzuführen. Ebenso werden die bisherigen Grundsätze der Staatswirthschaft für die Bemessung der Umtriebszeiten die früher geübten sein, sich also nicht den Bestrebungen der Reinertragsschule anschließen.

Nach diesen Vorbemerkungen geht Redner auf die B.'schen Anträge ein und hebt zunächst hervor, daß wie ja auch von Borg= greve zugegeben ist, bei jeder Taxations=Revision die Frage erörtert wird, ob Flächen vorhanden sind, welche bessere Erträge bei landwirth= schaftlicher Nutzung liefern. Thatsächlich hat auch eine recht bedeutende Umwandlung stattgefunden. Innerhalb der Zeit von 1867—1880 beträgt die an die Landwirthschaft abgegebene Fläche etwa drei Quabratmeilen. In Folge dieser Abgabe erscheint auch der Zuwachs bei der Gesammtfläche der Forsten, wie sie in den betr. Etats genannt ist, nur klein. Der Erlös aus Nebennutzungen beträgt über 4 Millionen Mark, und den Löwenantheil davon geben Wiesen und Ackergrundstücke, welche von der Forstverwaltung verpachtet werden. Es ist eher zu viel als zu wenig geschehen. Leider kann eine ganze Zahl von Fällen constatirt werden, wo die Forstverwaltung es später bereut hat, zu rasch sich auf Aenderungen eingelassen zu haben. Einige Beispiele von Diepholz, Ottmachau, Dombrowka, Zehdenick werden angeführt.

Die großen noch nicht cultivirten Strecken in Ostpreußen, in Hannover können aus Mangel an Arbeitskräften nicht urbar gemacht werden und beweisen, daß das Bedürfniß nach Flächen für neue Ansiedelungen nicht groß ist. Oberforstmeister Donner fürchtet zugleich, daß der Antrag sehr mißverstanden werden kann und bittet um Ablehnung, zumal die Staatsregierung schon jetzt es als eine sehr ernste Pflicht betrachtet, soweit sich Gelegenheit zur vortheilhaften Umwandlung von Waldböden bietet, diese Gelegenheit gewissenhaft zu benutzen. Auch die sämmtlichen übrigen Redner sprechen sich mehr oder minder energisch gegen die Anträge aus, ja Dr. Settegast stellte den Gegenantrag: nach Möglichkeit dahin wirken zu wollen, daß überall dort, wo absoluter Waldboden landwirthschaftlich benutzt wird, derselbe seiner natürlichen Bestimmung und Benutzungsart zurückgegeben werde. Dieser Antrag wurde denn auch mit allen Stimmen angenommen.

Der schlesische Forst-Verein beschäftigte sich ebenfalls mit den Borggreveschen Anträgen und zwar fast ausschließlich in ablehnender Weise, unbedingt für dieselben trat Niemand ein und so wurde denn von der Fassung einer bestimmten Resolution abgesehen. Auch von Kalitsch, Oberforstmeister in Schleswig, spricht sich in den forstlichen Bl. S. 169 gegen die Borggreve'schen Anträge aus. Er plädirt im Sinne der vom Landes-Oekonomie-Kollegium gefaßten Beschlüsse, hebt namentlich hervor, daß zwischen Rodung hier und in Amerika ein gewaltiger Unterschied sei. Hier geschieht die Arbeit im Tagelohn oder Accord und wenn der Arbeiter fertig ist, zieht er weiter, um neue Arbeit zu suchen. Der Auswanderer aber behält das in Amerika gerodete Land als Eigenthum, um darauf Früchte zu ziehen und sein eigener freier Herr zu sein. Dies letztere Motiv ist es vorzugsweise, welches die Auswanderungslustigen reizt. v. Kalitsch hält auch das Unternehmen selbst nicht für rentabel und berechnet die Rodungskosten auf beinahe 100 Millionen Mark. Eine solche Summe könnte in ganz anderer Weise für die Hebung der Landeskultur nutzbar gemacht werden. Bedenklich erscheint auch die große Zahl von Zeitpächtern, mit denen der Staat zu verkehren haben wird (c. 33000 Mann).

Die Regierung hat den von ihr schon früher vertretenen Ansichten einen erneuten in Folge der Borggreve'schen Anträge vielleicht etwas erweiterten Ausdruck gegeben, indem auf Grund der Allerh. Kab. Ordre vom 12. August d. J. die Bezirksregierungen von dem Minister für Landwirthschaft 2c. ermächtigt worden, selbstständig in den Königlichen Oberförstereien die Umwandlung zur Holzzucht bestimmter Flächen bis zur Größe von drei Hektaren in landwirthschaftlich benutzte zu veranlassen und umgekehrt, letzteres jedoch nur, sofern der etatsmäßige Durchschnittsbruttoertrag der betreffenden Oberförsterei pro Hektar den Durchschnittspachterlös der letzten sechs Jahre für die betheiligten Flächen übersteigt. Jener Durchschnittsbruttoertrag kann so ermittelt werden, daß die etatsmäßige Solleinnahme der bezüglichen Oberförsterei für Holz durch die etatsmäßige Fläche des Holzbodens getheilt wird.

Vergl. zu der Frage: landwirthschaftliche Jahrbücher von Dr. Thiel Band X. Supplement, Stenographischer Bericht über die Sitzungen; Zeitschrift für Forst und Jagdwesen pg. 160. 280, 282, 445; Forstliche Blätter pg. 58, 210 (Stenographischer Bericht).

Im nahen wenn auch gegensätzlichen Zusammenhange mit den Rodungsanträgen, stehen die Kontroversen bezüglich der Aufforstungsfrage. Die meisten Regierungen sind den bezüglichen Bestrebungen geneigt und befördern sie auf jede Weise, noch mehr sind es die Volksvertretungen. In den Kreisen der Forstleute sind die Meinungen dagegen getheilt.

Lebhafte Debatten knüpften sich namentlich an die Aufforstung der Schleswigschen Haiden. Forstrath Fangel spricht (Forstl. Bl. p. 73) für die Weitercultur, führt aus, daß die Erträge da, wo zweckmäßig cultivirt wird, durchaus nicht niedrig sind und giebt einige Beispiele zum Beweise. Diese sollen namentlich die Sätze eines früheren Auf=

satzes vom Forstmeister von Barendorff entkräften, welcher einen Stillstand für die Aufforstungen fordert, da im Allgemeinen an eine auch nur mäßige Rentabilität der Anlagen nicht zu denken und der Erfolg der bisherigen Arbeiten abzuwarten ist. Oberforstmeister von Kalitsch erweist sich dagegen wieder als ein Freund der Aufforstung und tritt den Borggreve'schen Aussprüchen, der Aufwand und Erfolg vergleicht mit Entenmästung durch Kaviar, entgegen und begründet seine Ansicht damit, daß eine Reihe jetzt werthvoller Walduugen auf früheren Oedländereien gefunden wird. Mit ruhiger Thatkraft führt indessen der 1871 in Schleswig Holstein gegründete Haideculturverein sein Programm aus und erwirbt sich mit seiner Arbeit stets neue Freunde. Die Zahl der Mitglieder beläuft sich auf 2100, die Einnahmen auf 26000 M. Die bereits aufgeforstete Fläche beträgt nicht weniger als 4000 ha, außerdem wurden Wiesenmeliorationen ausgeführt, resp. im Project vorbereitet. Auch soll eine rationellere Bewirthschaftung der Moore angestrebt werden. Von forstlicher Seite hat sich namentlich der Oberförster Emeis um den Verein verdient gemacht.

Ein anderes Gebiet öden Landes, die Lüneburger Haide, hat plötzlich nach ganz anderen Richtungen hin die Aufmerksamkeit weiter Kreise auf sich gezogen, ja wochenlang namentlich die Bremer aber auch andere Börsen in fieberhafte Aufregung versetzt. Die schon lange Zeit hindurch betriebenen Bohrungen auf Petroleum waren in der Nähe von Peine erfolgreich geworden, reiche Quellen sollten erschlossen sein. Die Speculation hat sich leider mit einer solchen Energie der Sache bemächtigt, daß zur Zeit absolut keine Klarheit darüber zu erhalten ist, ob wirklich an eine reiche Ausbeute zu denken ist. Jedenfalls ist vorläufig die Ergiebigkeit der Quellen nicht derartig, daß Deutschland eine Oelüberschwemmung zu fürchten hat. Böse Zungen behaupten sogar, daß das Pumpen die Hauptsache bei dem ganzen Geschäft sei.

In anderen Theilen der Lüneburger Haide wird an der Bewaldung derselben rüstig weitergearbeitet. Die Provinzialverwaltung hat in dankenswerthester Weise auch die Mittel für die Errichtung einer forstlich meteorologischen Station hergegeben, die dort von besonderem Werthe sein wird, da sich nur durch exacte Beobachtungen feſtſtellen läßt, inwieweit die Bewaldung von Einfluß auf das Klima ſein wird.

In Frankreich iſt während der Jahre 1876—78 eine Fläche 10,559 ha neu bewaldet, davon aus beſonderen örtlichen und climatiſchen Rückſichten 6146 ha (Hempel Centralblatt pg. 94).

Auch in Oeſterreich iſt rührig gearbeitet, und hat die Regierung namhafte Unterſtützungen gewährt. In Böhmen haben Großgrund- und Waldbeſitzer an Gemeinden und Kleingrundbeſitzer bedeutende Mengen von Pflanzen und Sämereien theils unentgeltlich theils gegen Zahlung des Selbſtkoſtenpreiſes zur Vertheilung gebracht (Hempel Centralblatt 329). In Preußen ſind über 40 Millionen Pflanzen zum Selbſtkoſtenpreiſe an Private und Gemeinden abgegeben.

In Italien kämpft ſich der Werth des Waldes für die allgemeinen Verhältniſſe zu immer größerer Klarheit durch. Profeſſor Perona zu Vallombroſa bringt einen neuen intereſſanten Beitrag zur Beantwortung dieſer Frage. Das Abdathal war noch zu Anfang dieſes Jahrhunderts faſt ganz mit Wald beſtanden. Nachdem aber die von Napoleon I. angelegte Heerſtraße im Jahre 1820 vollendet und der Holztransport dadurch erleichtert wurde, haben die Entwaldungen von Jahr zu Jahr zugenommen, ſo daß gegenwärtig nur noch Reſte von Wald ſichtbar ſind. Aus den hydrometriſchen Beobachtungen, welche Volta 1792 angefangen und Lombardini bis 1863 fortgeſetzt hat, ſtellte ſich heraus, daß der Zeitabſtand zwiſchen je zwei aufeinanderfolgenden Ueberſchwemmungen immer kürzer wird, dieſe alſo häufiger wiederkehren. Von 1792—1821 alle 58 Monate, von 1821—1839 alle 44 Monate von 1839—1863 alle 20 Monate. (Allg. F. u. J. pg. 203)

In Feodoſia, dem alten Kaffa, wurde das Verſiegen der ſtädtiſchen Laufbrunnen der eingetretenen Entwaldung zugeſchrieben und es iſt nun ſeit 1876 mit Aufforſtungen begonnen (Hempel Centralbt. pg. 466).

Aus dem Kulturbetriebe erwähnen wir folgendes: Die gute Zapfenernte in Kiefern veranlaßte Dr. Kienitz in Eberswalde den Samenertrag ſowohl einzelner mit Zapfen reich behangener Stämme wie den einer geſchloſſenen Beſtandsgruppe zu unterſuchen. Die Reſultate lehren, daß der Ueberhalt im Kiefernſamenſchlage recht reichlich ſein muß, wenn man eine volle Beſamung aus einem Jahre erzielen

will. Auf 7 a. Fläche wurden 48 l. Zapfen gepflückt. (Danckel=
mann p. 549).

Oberförster Vultejus in Walkenried hält die natürliche Ver=
jüngung im Mittelwalde nicht für genügend, spricht für Beschaffung
von Kulturflächen und empfiehlt Bepflanzung derselben mit Lärchen
neben Ahorn, Esche und Birke; die Eiche hat nicht anschlagen wollen,
ist aber sonst gewiß in erster Linie zu empfehlen. (Forstl. Bl. p. 204.)

Oberförster Koltz in Luxemburg veröffentlicht seine Erfolge, welche
er mit dem Levretschen Verfahren zur Erziehung von Eichensämlingen
mit möglichst concentrirtem Wurzelsystem erzielt hat (Baur. Centralbl.
p. 151) diese Wurzelbildung wird erreicht durch eine künstliche Unter=
grundsschicht aus porösem Thon bei sehr flachgründiger aber guter
und frisch zu erhaltender Oberschicht.

Eine nach dem Vorbilde des Kreplerischen Systems neu construirte
Walze für Rillensaat beschreibt (Hempel Centrlbl. 169) Revierförster
Watzlawiek. Eine eigenthümliche Pflanz=Methode nämlich Aus=
pflanzung von Nadelhölzern in Töpfen ist bereits seit längerer Zeit
durch Forstmeister Riedl geübt. J. Kabina hat sie als praktisch
bewährt gefunden namentlich für Flugsandculturen und Bewaldung
sehr felsiger kahler Partieen. Die angewendeten Töpfe bestehen aus
einem Gemisch von guter nahrhafter Erde und Dünger, werden nach
der Formung getrocknet aber nicht gebrannt. Zur Aufnahme der Pflanzen
füllt man sie mit guter Erde. Die Wurzeln durchdringen im freien
Lande den Topf und gewinnen so weiteren Raum (Hempel Ctbl. p. 171.)

Dem Saatgute wird vielfach eine erhöhte Sorgfalt zugewendet,
es ist das um so erfreulicher als ja durch Versuche, die früher von
Th. Hartig neuerdings wieder im Hohenheimer botanischen Garten an=
gestellt sind, der bedeutende Einfluß der Samenqualität auf die
ganze Entwickelung der Pflanze festgestellt ist. Die Keimungsreife der
Fichte hat Nobbe zum Gegenstand der Untersuchung gemacht und
gefunden, daß die Zapfen im Anfang des October gepflückt werden
müssen. Die besten Körner sitzen unter den Schuppen in halber Höhe
des Zapfens und lassen sich am leichtesten klengen. Relativ am besten
ist die Keimfähigkeit derjenigen Körner, welche freiwillig aus dem
Zapfen fliegen. (Thar. J. p. 57.)

Eine neue Sonnendarre construirte Oberförster Obersteiner

zu Gmünd in Kärnthen. Der Same liegt in drehbaren Trommeln und fällt von da in Schubkästen, die von außen ausgezogen werden können. Die Wärme und Feuchtigkeit der Luft in dem durch Glas oben geschlossenen Kasten kann durch einen hölzernen Schattendeckel und verschließbare Seitenöffnungen regulirt werden. (Hempel Central=blatt p. 112.)

Oberforstrath Braun empfiehlt Centralisation der Beschaffung des Samens für größere Bezirke (z. B. in Preußen für Regierungs=bezirke) und der Versendung im Kleinen an die Verbrauchsstellen. Frankreich widerlegt den etwaigen Einwand, daß die Idee nur in kleinen Staaten ausführbar sei, denn es hat bereits eine Centralstelle in Barres. Der Same wird im Wege der Submission beschafft sämmtlich bis zum 20. Januar dorthin abgeliefert und vor Weiter=sendung auf Reinheit, Gewicht und Keimkraft geprüft (Forstl. Blätter p. 233.)

In Wien ist mit Subvention des Ackerbauministeriums durch die k. k. Landwirthschaftsgesellschaft eine Samencontrolstation ge=gründet und Prof. Dr. von Liebenberg unterstellt. Das Institut führt für Jedermann Untersuchungen von Sämereien auf Echtheit, Reinheit und Keimfähigkeit aus (Hempel Centralbl. p. 187.)

Petraschek in Weyer resumirt die bei Aufforstung von oeden Hochlagen gesammelten Erfahrungen in den Hauptzügen dahin: Jeder Unkrautwuchs ist auf den Flächen zu erhalten event. ein Vorbau mit Gräsern und Erdsträuchern vorzunehmen. Tüchtige Bodenlockerung (40 cm) ist erforderlich, aber Schutz gegen die dadurch verstärkte Ge=fahr des Auffrierens durch Steine oder Graswuchs zu geben. Pflanzstellen und Saatstreifen müssen horizontal verlaufen, durch An=lage von Querrinnen ist das oberhalb sich fangende Wasser den Pflanzen zuzuleiten. Saat ist nicht so vortheilhaft wie Pflanzung und bei dieser sind Büschel den Einzelpflanzen vorzuziehen. Eine Verschulung ist nicht nothwendig. Die Frühjahrscultur ist bei Weitem der Herbstcultur vorzuziehen. (Oest. Mon. p. 538.)

Prof. Müller= Kopenhagen giebt in einem durch Metzger übersetzten Artikel seine Ansichten über den hohen Einfluß des Thier=lebens auf den Boden zu erkennen, nach seiner Ansicht verrichten auf demjenigen Boden, den milder Humus deckt, die Regenwürmer das Geschäft der Bodenlockerung. Auf kohligem Humus fehlt das Thierleben und daher bedarf dieser energischerer Bearbeitung (F. B. p. 281.)

Forstmeister Wagener zu Castell giebt die Kosten, wie sie sich im großen Betriebe bei einem mittleren Tagelohnssatz von 1 M. berechnen folgendermaßen an: 10000 Stück Nadelholzballen 66,2 M. Nadelholzpflanzen nach Buttlars Methode 24,1 M. mit dem Pflanzbeil 23,3. Eichenstutz Pflanzung mit Hacke 104,5 M. Eichenstecksaat pro hl 13,6 Buchenflecksaat pro hl 18,1. (Zeitschr. f. F. u. J. p. 486.)

Der Durchforstungsbetrieb ist schon immer sowohl von der finanziellen wie von der waldbaulichen Seite betrachtet und beide Richtungen spiegeln sich auch in diesem Jahre in literarischen Erscheinungen ab. Mehr und mehr tritt die Forderung eines energischen Betriebes hervor, desjenigen, den Cotta wohl im Sinne hatte, als er seine Sätze formulirte. Der Schluß der Bestände hat vor seinem Maximum ein Optimum liegen, welches bei guter Ausformung der Einzelstämme den höchsten Zuwachs bringt. Noch fehlt es uns an realen Unterlagen, nach denen wir für die verschiedenen Standortsverhältnisse die Lage des Optimums bestimmen können, aber die Arbeiten, um zu dieser Erkenntniß zu gelangen, schreiten rüstig fort. Unter zu starkem Schlusse leiden Höhen= und Stärkenzuwachs derartig, daß die größere Stammzahl den Ausfall an Masse nicht ersetzt, bei zu geringem bleibt der Höhenwuchs zurück.

Rein nach finanziellen Gesichtspunkten hat Oberförster Schulze für das Sächsische Revier Steinbach Durchforstungsregeln aufgestellt. Die Preisverhältnisse stellen sich dort so, daß der Werthszuwachs mehrfach negativ wird. Begehrt sind Stangen mit 3 cm Unterstärke, solche mit 4 cm nicht, Hopfenstangen haben lebhafte Nachfrage, läßt man die Stämme stärker werden, so sind sie nicht mehr gut absetzbar. Solche Rechnungen geben wichtige Fingerzeige. Sache des Wirthschafters muß es bleiben, diese mit den waldbaulichen Rücksichten zu vereinigen. (Vergl. Thar. Jahrbuch pg. 97. Allg. F. u. J. Z. pg. 253, pg. 406. Schweiz. Zeitschrift, Heft IV.)

Je mehr auf Lichtstellung der Bestände hingearbeitet wird um so größeres Gewicht erhält auch die Lehre vom Unterbau. Eine große Rolle darin spielt die Buche. Ihre vortrefflichen waldbaulichen

Eigenschaften, treten immer heller in das Licht, je mehr auf der anderen Seite die Rentabilitätsfrage verneint wird. Für den Lichtungsbetrieb ist sie kaum entbehrlich, ebenso wie für Waldungen, die in reichem Maße Eichen, Eschen und Ahorne eingemischt tragen sollen. Forst=meister Baudisch in Buchlowitz (Hempel Centralbl. pg. 67) will ihr daher auch mit vollkommener Beruhigung die fernere Führerschaft in solchen Beständen belassen und sie gewissermaßen als Grundelement für die Einmischung und Erziehung von anderen Hölzern betrachten. Auch der s. g. doppelwüchsige Buchenhochwaldbetrieb auf dem Groß=herzogl. Sächsischen Volkershäuser Forst giebt der Buche die Führer=schaft. Einzelne Stämme werden im Durchforstungsbetriebe auf die Freistellung vorbereitet namentlich Eichen, Ahorne und Eschen. Die Verjüngung tritt im 70—80 Jahre ein, so daß die jedesmal vorhandenen Ueberhälter ca. 150 Jahre zählen. (Forstl. Bl. pg. 201.) Es ist Basalt, der diese Wirthschaft gestattet! Weniger üppig nimmt sich der Lichtungsbetrieb in Kiefern aus wie ihn Danckelmann (Zeit=schrift f. F. u. J. pg. 1) beschreibt. Der gleichaltrige Hochwald=bestand wird stark durchforstet und dann mit Schattenhölzern unter=baut. Vorläufig sind Buche und Hainbuche gewählt, es soll aber auch die Weißtanne genommen werden, mit der ja anderwärts bereits gute Erfolge erzielt sind. (Z. f. F. u. J. pg. 270) Als Vortheile eines solchen Hochwaldunterbaubetriebes erwartet man Erhaltung der Bodenkraft, erhebliche Vorerträge und Sicherung gegen Insectenfraß.

Auch für diesen Betrieb ist Erforderniß eine solche ursprüngliche Bodenkraft, daß die doch immerhin schon begehrlicheren Pflanzen sich überhaupt unter dem Bestande ernähren können. Von der dritten Boden=klasse für Kiefern abwärts wird er kaum anwendbar sein und daraus erklärt sich, weswegen dieser und andere Lichtungs= und Unterbaubetriebe den norddeutschen Forstwirth kühl lassen. Es fehlt ihm der gute Boden, seine Bestände lichten sich durch Calamitäten und auf natür=lichem Wege derartig, daß jeder ältere Bestand gewissermaßen im Lichtungsbetriebe befindlich erscheint. Nirgends wird der Lichtungs=zuwachs so ausgenutzt wie in unseren norddeutschen Kiefernwäldern. Ob der Boden bei solchen Waldformen sich verbessert, muß hier als offene Frage bestehen bleiben. Oberförster Emeis, mit dessen Thorieen Dr. Daube=Münden in Gegensatz getreten ist, würde sie jeden=

falls verneinen. Auf die eingehende Besprechung Daubes und die gleiche Erwiderung von Emeis mag hier verwiesen werden, die erstere steht in den Forstlichen Blättern pg. 1, letztere in der Allg. F. u. J. pg. 109.

Sehr beachtenswerth ist ein Aufsatz von Landolt in der Schw. Z. Heft 1. Er erkennt vollkommen die Vortheile des Lichtungsbetriebes an, hebt aber gleichzeitig hervor, daß ein doppelhiebiger Hochwald nur unter besonders günstigen Verhältnissen möglich ist, auch ist nicht jede Holzart dafür geeignet und endlich ist die Wirthschaft keineswegs einfach.

Ein Schneebruch im Laubholz und die Folgen desselben für die Wirthschaft lassen Oberförster Brock in Dermbach unseren heutigen Hochwaldbetrieb in sehr unvortheilhaftem Lichte erscheinen. Heil sieht er in der Anzucht ungleichalteriger, ungleichwüchsiger Bestände auf ein und derselben Fläche d. i. eines geregelten Plenterwaldes. Lichtungshiebe, Unterbau, lauten andere seiner Mittel endlich aber auch: Wo nur irgend thunlich, Bevorzugung der Saat bei unvermeidlicher künstlicher Bestockung. Die Redaction des Baurschen Centralblattes macht dazu die Bemerkung, die wohl manchem aus der Seele gesprochen ist, daß Pflanzungen oft bessere Resultate geliefert haben. (B. Centr. pg. 481).

Eingehende Studien hat Oberförster Hamm dem Verhalten der Lärche in der Bodenseegegend gegenüber dem der Fichte und Kiefer gewidmet, und giebt das Resultat in der Allg. F. u. J. pg. 37. Feuchten Boden und feuchte Luft verträgt die Lärche nicht und deshalb auch meist nicht die Gesellschaft der Fichte. Die besten Lärchen stehen im Laubwalde. Im Ertrage wird sie der Masse nach über die Fichte gestellt, dem Gelde nach bleibt sie jedoch zurück. Die Vergleichbarkeit der Messungsresultate mit anderen ist leider sehr dadurch beeinträchtigt, daß die Kluppungen in 1m anstatt 1,3m vom Boden gemacht sind.

In der Aestungsfrage hat Landolt ein Wort gesprochen. (Schweiz. Z. f. d. F. pg. 130). Eine richtige Antwort darüber, ob geästet werden soll oder nicht, kann seiner Ansicht nach nur gegeben werden, wenn man alle einwirkenden Umstände berücksichtigt namentlich Holzart, Betriebsart, Standortsverhältnisse. Laubhölzer sind jedenfalls unempfindlicher als Nadelhölzer ebenso junge Stämme älteren gegenüber. Kräftige Stämme halten es eher aus, als schwache. Damit in Zusammenhang steht wohl, daß auf guten Standorten die Aestung unbedenklicher erscheint. Glatt am Stamme, ohne diesen zu verletzen, hat die Fortnahme zu geschehen. Empfohlen werden Sägen, die aus alten Sensen hergestellt sind.

Die Ernte dieses Jahres an Waldbaumfrüchten hätte eine vortreffliche werden können, wenn nicht die widrigen Witterungsverhältnisse eingetreten wären, immerhin ist aber der Ertrag bei Weitem besser als im Vorjahre, ja bei Eiche, Buche und Fichte besser, als der Durchschnitt aus den früheren Ernten.

Die aus den bisherigen Ernten sich berechnende Mittelernte = 100 gesetzt, haben wir in diesem Jahre:

für die Eiche 128

  „   „ Buche 182

  „   „ Kiefer 99

  „   „ Fichte 107 geerntet.

Bei den übrigen Holzarten wollen wir den Ernteertrag von 1880 = 100 setzen und damit den Werth des heurigen berechnen.

Wir erhalten dann für den

Bergahorn	268
Spitzahorn	286
Esche	419
Bergrüster	128
Flatterrüster	134
Hainbuche	282
Birke	165
Schwarzerle	139
Tanne	175
Lärche	154

Diesem scheinbar guten Resultate thut aber aller Wahrscheinlichkeit nach eine sehr geringe Qualität des Korns wesentlichen Abbruch.

Die Insecten sind in diesem Jahre milde aufgetreten, es erhebt sich Zahl und Umfang der Opfer, soviel bekannt geworden, nicht über das Maaß des gewöhnlichen hinaus. Fraß von Lyda-Arten in Kiefern ist local nicht unerheblich gewesen. . Die große Kiefernraupe ist in manchen Jagen mit starken Mengen ins Winterquartier gerückt und gebietet Vorsicht.

Die Borkenkäfer haben, veranlaßt durch das Buch von W. Eich=hoff, eine umfangreiche Journalliteratur hervorgerufen. Eine Reihe von neuen Beobachtungen über andere Insecten werden von Altum in d. Z. f. F. u. J. gegeben.

Der Theer, welchen die letzte große Verheerung des Kiefernspinners als wirksames Vertilgungsmittel erkennen ließ, erweist sich auch gegen anderes Ungeziefer erfolgreich. Die Industrie hat die Klebekraft desselben soweit erhöht resp. solche Raupenleime aus anderen Stoffen hergestellt, daß die Temperaturschwankungen ohne Einfluß bleiben und auch die Zeit nur langsam zu wirken vermag. In solcher Form liefere ihn Schindler und Mützell in Stettin, Huth und Richter in Berlin Dresdenerstraße, Polborn in Berlin Kohlenufer, H. G. Gamm in Bromberg. Die Anwendung empfiehlt sich überall da, wo Insecten verhindert werden sollen eine bestimmte Stelle des Baumes zu über=schreiten wie z. B. beim Kiefernspinner, Frostspanner oder auch da, wo in einem bestimmten Baumtheile befindliche Insecten vom Verlassen desselben abgehalten werden sollen wie z. B. bei den Larvenfraßstellen von T. pactolana. Versuche sind überall da zu empfehlen, wo sich auf irgend eine Weise Erfolg versprechen läßt. (Cfr. Altums Aufsatz Z. f. F. u. J. pg. 554).

Die neuesten Erfahrungen, welche mit der Mennige als Schutz=mittel gegen das Aufnehmen des Samens durch Vögel gemacht wurde, sind entschieden günstig. Es ist nicht unwahrscheinlich, daß überall da, wo das Verfahren sich nicht bewährt hat, es nicht in diesem, sondern an der Mennige gelegen hat. Man muß deshalb beim Ein=kaufe sich an durchaus reelle Handlungen wenden und ausdrücklich Bleimennige fordern.

Schmarotzende Seidenarten sind jetzt auch an Weiden beobachtet und zwar nach Bestimmung von Professor Dr. Kühne Cuscuta europaea und monogyna. (Hempel Centralbl. pg. 29).

Die Frostschäden, welche die kalten Winter uns gebracht haben, lassen sich erst jetzt in vollem Umfange ersehen. Baden und Württem=berg haben bei einzelnen Obstarten bis zu einem vollen Drittel aller Stämme Verlust gehabt, auch in Kassel und Wiesbaden ist der

Schaden enorm und in ganz hervorragendem Maße ist unsere heimische Zwetsche getroffen. Der deutsche Wald ist im Großen und Ganzen unberührt geblieben, von den Ausländern der Forst= und Botanischen Gärten ist dagegen manches getödtet (cfr. Allg. F. u. J. pg. 160, 3. f. F. u. J. p. 253.) Ganz andere Schäden hat dagegen Frank=reich aufzuweisen. Durch die Glatteisperiode im Winter 1878/9 litten die Waldungen von Pinus maritima schon sehr erheblich, der Winter von 1879/80 hat den Rest in der ganzen Sologne getödtet: 80000 ha, die eine Rente von $3^1/_2$ Million Frk. abwarfen. Nur diejenigen jungen Pflanzen sind erhalten, welche durch eine Schneedecke geschützt waren. (Hempel Centralbl. p. 138).

Lang anhaltende Dürre=Perioden haben die Ausbreitung von Wald=bränden sehr begünstigt. Das Preußische Ministerium hat aus der Zahl der Brände Veranlassung genommen, in einem besonderen Rescripte auf die energische Handhabung der gesetzlichen und polizeilichen Vor=beugungsmaßregeln hinzuweisen.

Auch in anderen Ländern haben die Waldbrände große Dimensionen angenommen namentlich in den Vereinigten Staaten Nordamerikas. — In der Provinz Constantine von Algerien sind nach Zeitungsberichten 2,300,000 ha Wald zerstört. Jedes Löschen blieb hier erfolglos, weil die Araber sofort den Wald an einer anderen Stelle anzündeten. Ein Augenzeuge sah in einer Nacht das Feuer an 8 verschiedenen Punkten aufflammen. Behauptet wird, daß dem Unheil zu Anfang hätte gesteuert werden können, wenn die Civil= und Militärbehörden rasche Maßregeln getroffen hätten. 61 Einwohner kamen durch die Brände ums Leben, 683 Wohnungen wurden vernichtet.

Gewitterstürme haben im Laufe des Sommers zwar local sehr empfindlichen Schaden (cfr. z. B. Schweizer Zeitschrift pg. 205) gethan, das getroffene Gebiet war aber im Verhältnisse zum ganzen immer nur klein. Anders sollte es leider mit den Herbststürmen werden. Noch steht nicht fest, welcher Schaden geschehen ist, und wie weit das Gebiet ist, welches betroffen wurde, aber es läßt sich schon jetzt aussprechen, daß wir sehr große Bruchmassen in den Waldungen der norddeutschen Tiefebene und der nördlichen Gebirge Deutschlands haben.

In Böhmen ist vom Forstrath Reuß ein eigenthümliches Ver=

fahren angewendet, um werthvolle Fichtenbestände mittleren Alters wieder sturmfester zu machen, nachdem in denselben durch Windrisse (Gassenbruch) bedenkliche Angriffslinien geöffnet waren. Die Arbeiten sind zuerst im Jahre 1872 ausgeführt und haben seitdem leider nur zuviel Gelegenheit gehabt die Probe zu bestehen.

Reuß ließ längs des ganzen Windrisses Steinwälle herrichten und gleichzeitig die dominirenden Randstämme behufs Schwächung der Hebelkraft, die der in die Baumkrone eingreifende Wind zur Aeußerung bringt, entgipfeln. Die Steinwälle ruhen auf einer drei-schichtigen horizontalen Holzrüstung. Sie belasten die der herrschenden Windrichtung entgegenstrebenden Wurzeln aller in der vollen bestockten Windrißfront stehenden Stämme mit Ausnahme der schwachkronigen. Die Theorie dieser Schutzbauten gründet sich auf die Gesetze der Hebel=kraft. Practisch haben sie sich namentlich bei den gewaltigen Orkanen der Jahre 1875 und 1876 bewährt. „In der Nähe der bewehrten Windrisse kamen wohl auch Bruchschäden vor, aber an den befestigten Fronten und im unmittelbaren Bereiche ihrer Wirksamkeit hatten die fast 2000 m langen Schutzwälle auch nicht in einem einzigen Falle ihren Sicherheitsdienst versagt und die geringen Beschädigungen, welche an einigen bewehrten Windrissen vorkamen, konnten nur die zuver=lässige Wirkung der Schutzbauten bestätigen und bekräftigen." (Hempel Centralbl. pg. 445).

Oberförster Haag zu Winzingen bei Neustadt a/H. empfiehlt die Anlage von horizontalen Schutz= und Sickergräben, um den Scha-den von Gewitterregen an entwaldeten Hängen zu beseitigen resp. ihm vorzubeugen. 1000 laufende Meter pro ha genügen, um selbst sehr bedeutende Regenmengen festzuhalten. Die Einwirkung der Gräben auf die Vegetation ist wie sich denken läßt sehr günstig, die Gräben=aufwürfe geben zudem noch sehr geeignete Kulturstellen. Der Verlauf der Gräben muß absolut horizontal sein, nicht erforderlich hingegen ist, daß sie lange Strecken ununterbrochen fortlaufen, Stücke von 4—6 m genügen. (Baur's Centralbl. pg. 208.)

Hinsichtlich der Regulirung der Gewässer tritt eine neue Idee auf, welche das Gebiet des Forstwirths nahe angeht. Es handelt sich um eine Regulirung der Ströme von den Quellengebieten an durch Anlage von Sammelbecken, Schleusen und

Wehren zur Beschaffung genügenden Raumes für das Hochwasser. Dem jetzigen System wird der Vorwurf gemacht, daß es nicht nur die Vorfluth für die Entwässerung der Felder hindert, sondern auch den befruchtenden Schlamm unbenutzt dem Meere zuführt. (cfr. Zeitschrift f. F. u. J. pg. 490).

Forstmeister Dücker bespricht die Frage der Wasserpflege in den Forsten der norddeutschen Ebene und im speciellen Hinblick auf die Verhältnisse in der Nähe des kleinen Haffs und der Odermündung. Mit der Entwässerung ist dort überall in früherer Zeit sehr energisch vorgegangen, so daß jetzt sich die übelen Seiten in gewaltiger Weise herauskehren. Die zuerst hohen Erträge der entwässerten und zu Wiesen umgewandelten Brücher sind vollständig verschwunden. Die Erlen- und Birkenbestände sind im Eingehen oder bereits eingegangen. Um den Wasserspiegel wieder in die Höhe zu bringen sind Staudämme angelegt, Fangschleusen und Berieselungsanlagen gemacht. (cfr. Z. f. F. u. J. pg. 185).

Durch die anhaltenden Regengüsse im August und September wurde am 11. des letztgenannten Monats eine über dem Schweizer Dörfchen Elm befindliche Schieferbergwand so unterwaschen, daß sie herabstürzte. 114 Menschen fanden durch diesen Bergsturz ihr Grab. 22 Wohnhäuser, 50 Ställe, das Schützenhaus und etliche Magazine wurden zerstört. Bereits am 9. September hatte der Unterförster Marti im Walde über einem Schieferbergwerk, was an dem Hange lag, größere Spalten im Boden bemerkt und sofort Anzeige davon gemacht. Am 10. wurde die gefährdete Stelle besichtigt und das angeordnet, was der dringendsten Gefahr vorbeugen konnte. Leider fiel am 11. abermals reichlicher Regen, der das Eintreten der Katastrophe nur allzusehr beschleunigte. Im December wurde der Berg, um weiteres Unglück zu verhüten, bombardirt, der Erfolg scheint aber nur ein sehr geringer gewesen zu sein.

Die große Ausdehnung, welche die Röthung der Nadeln von jungen Kiefern in diesem Frühjahr gewonnen hatte, macht es sehr erklärlich, daß die Ursachen davon wiederholt besprochen sind. Forstmeister Baudisch hat durch Deckung der Kämpe nach Alers'scher Vorschrift die Kiefer bis zur Verpflanzzeit gegen Schütte geschützt, leider sind sie aber nach der Verpflanzung erkrankt. (Hempel Ctrlbl. 362).

In der Oberförsterei Bleckede sind nach Mittheilung des Forst-
meisters Duckstein diejenigen Kiefern eines Saatkampes vor der
Schütte bewahrt geblieben, welche vom December bis März drei
Monate lang unter Wasser und Eis gestanden hatten.

Professor Turski in Moskau huldigt der Pilztheorie und bemerkt:
weder der Boden, noch die Temperaturunterschiede in den oberen und
unteren Bodenschichten, noch die Einwirkung der Frühjahrssonne, noch
der Ueberfluß an Bodenfeuchtigkeit kann als Hauptursache der Schütte
bei den Kiefern anerkannt werden. (Baur Centralbl. 144). — Es
sind nun nachgerade, wie von fleißigen Sammlern constatirt ist, weit
über 100 Erklärungen abgegeben. Von jedem Beobachter kann man
füglich doch erwarten, daß er mit größtem Interesse die Krankheit
verfolgt und beobachtet hat; mag auch eine ganze Zahl unrichtig ge-
sehen und combinirt haben, immer bleibt es höchst unwahrscheinlich,
daß nur eine von den vielen Erklärungen richtig ist und alle andern
falsch. Ich glaube, daß wir es in der Schütte mit einer Kollectiv-
krankheit zu thun haben, in der sich die Wirkungen offenbaren von
dem Einflusse, den Septemberfröste, Maifröste, verschiedene Temperaturen der Erdschichten, zu rasche Verdunstung, energische Insolation,
Pilze u. A. auf das Befinden der Pflanzen üben. In diesem
Frühjahr erkrankten hier in den Revieren die Kiefern ganz entschieden nach der Ebermayerschen Theorie, im nächsten Frühjahr werden
sie, wenn nichts anderes hinzukommt, in Folge der Septemberfröste
roth sein, denn sie sehen jetzt (im Oktober) schon sehr verdächtig aus.

Ueber das Auffrieren der Pflanzen theilt uns Obf. Kdt. Fuld-
ner in Waldeck seine durch 12jährige Beobachtungen gestützten Erfahrungen mit. (Z. f. F. u. J. 604). Als wirksames Vorbeu-
gungsmittel erweist sich in Saat- und Pflanzkämpen dichte Saat, tiefe
Pflanzung, Deckung, bei Bestandessaaten eine nur oberflächliche Ent-
fernung des Bodenüberzuges, so daß dessen Wurzeln in dem Boden
bleiben.

Oberförster Reuß in Goslar berichtet (Z. f. F. u. J. pg. 65)
uns in einem ausführlichen Aufsatze über die Hüttenrauchschäden im
Harze. Sie haben local einen großartigen Umfang. Reuß rechnet
345 ha als Blöße, 380 ha als lückige Bestände. Die Fläche, auf
welcher der Schaden überhaupt deutlich erkennbar ist, umfaßt bereits

4500 ha. Der Wiederbewaldung stehen unendliche Schwierigkeiten entgegen und ist dieselbe wohl kaum möglich, so lange die Einrichtungen der Hütten nicht geändert werden. Reuß weist nach, daß von der schwefligen Säure, die jetzt durch die Hütten der Luft mitgetheilt wird, 57 % zurückgehalten werden könnten, wenn gleiche Anlagen für Schwefelsäurefabrikation errichtet würden, wie sie die Freiberger Hütte besitzt. Er führt darüber an, daß in Folge der verbesserten Einrichtungen daselbst die für Devastation gezahlten Entschädigungen außerordentlich sinken konnten, nämlich von 12 auf 1. Es erscheint danach dringend geboten, im Harze sobald als möglich die Anlagen zu verbessern und so den Wald vor dem immer weiter um sich fressenden Schaden zu bewahren. Es ist ja möglich, daß die Neuanlagen durch die aus ihrer Production gelösten Einkünfte nicht rentiren werden. Wenn irgendwo, so ist es aber doch hier richtig, die indirecten Vortheile mit in Anschlag zu bringen.

Bei Münden sind Waldbeschädigungen durch saure Dämpfe, die einer seit sechs Jahren im Gange befindlichen Fabrik entströmen, im Juni d. J. protokollarisch festgestellt. Am meisten litt die Fichte und Buche, am wenigsten die Eiche (F. Bl. pg. 289). Auch Reuß hat die Eiche am widerstandsfähigsten gefunden.

Gegen das Wild schützt Obf. Pöpel zu Reichstein die Wandersaatkämpe dadurch in wirksamer Weise, daß er Stangen auf kurze Pfähle aufnagelt, so daß sie horizontal über dem Saatkamp liegen. Das Verfahren erscheint um so empfehlenswerther, als die Stangen zum Auflegen von Schutzreisig gegen Frost und Hitze ebenfalls benutzt werden können. (Thar. J. pg. 120).

Der Kampf für und wider die Reinertragslehre ist ein sehr lebhafter geblieben. Zu bedauern ist, daß noch immer nicht überall diejenige Ruhe die Discussion beherrscht, welche allein die erforderliche Klarheit bringen kann und daß immer wieder von Neuem mit den ältesten, bald ihr 25 jähriges Jubiläum feiernden Gründen ins Feld gezogen wird. Dahin rechne ich auf der einen Seite, daß die Reinertragslehre nur zu ganz niedrigen Umtrieben führen kann, auf der anderen, daß die Gegner sich Principien und deren Konsequenzen nicht klar gemacht haben und es auch nicht wollen. Waldinspector Compter

(Allg. F. u. J. 289) behauptet sogar es sei für viele zu schwierig, die Lehre zu begreifen.

Im Sächsischen Forstverein kam der Einfluß der Reinertrags= theorie auf die Bewirthschaftung der Forsten zur Sprache, um wie der Vorsitzende (Judeich) hervorhob, die vielen Angriffe abzuwehren, die öffentlich und hinterrücks gegen die Lehre und die Sächsische Forst= verwaltung gemacht worden seien. Die Theorie bestehe eigentlich in weiter Nichts, als in dem Gedanken Reinerträge zu erwirthschaften, und der Bewirthschaftung eine ökonomische Grundlage zu verschaffen. Der wirklich eingehaltene Umtrieb ist in Sachsen seit Einführung der Lehre gestiegen (Allg. F. u. J. 315).

Die Abtriebsreife der Holzbestände im Sinne der Statik und im Sinne des höchsten Durchschnittsertrages bespricht Stötzer in der Allg. F. u. J. pg. 145. Die Umtriebszeit des größten Walder= wartungswerthes Lehr auf pg. 140 daselbst. Der vorerwähnte Waldinspektor Compter giebt seine Gedanken über Brutto und Bodenreinertragsschule auf pg. 289 ff. kund. Das Umtriebsalter der höchsten Massenproduction wird seiner geringen Höhe halber ver= worfen, das der höchsten Waldrente, weil es das Holzmaterialkapital nicht intakt erhalten hat und auf einen namhaften Zinsbezug verzichtet.

Das Baursche Centralblatt bringt zur Sache folgende Artikel: Holzart und Umtriebszeit von Urich pg. 137. Ueber das Ver= hältniß zwischen Haubarkeitsertrag und Normalvorrath von Fischbach pg. 415.

Auch mag an dieser Stelle des Preßlerschen Aufsatzes gedacht werden: die beiden Weiserprocente als Grundlage des eigentlichen und wissenschaftlichen Lichtungsbetriebes sowohl für den höchsten Massen= als Reinertrag. (Thar. Jahrbuch pg. 193).

In dem Streite zwischen Preßler und Wagener spricht Letzterer ein Schlußwort im Hempelschen Centralblatt, giebt auch seinen Sonderstandpunkt in dem Aufsatze: Ueber den Begriff der Waldrente pg. 79 der Allg. F. u. J. zu erkennen.

Die Discussion über Reinertragslehre kann übrigens erst dann recht fruchtbringend sein, wenn die Unterlagen festgelegt sind und es müßte vor allen Dingen der Zinsfuß besprochen werden. Sein Ein= fluß ist bei den ganzen Berechnungen der mächtigste, er beherrscht nicht allein die Theorie, sondern auch vollkommen die Praxis dieser Lehre. Er wird von dem Verkehrsleben aufs Innigste berührt, ist vollständig abhängig von ihm. Wenn er dort, wie es jetzt geschehen ist, um ein volles Procent sinkt, so muß auch unser Waldzinsfuß reducirt werden. Die Frage, wie beide in Connex stehen sollen, ist eine fast vollständig offene.

Für die Beschaffung der Unterlagen aus dem Walde sind die Versuchsanstalten bereits lebhaft thätig. Zu den schon von dieser Seite gelieferten Ertragstafeln ist jetzt die Buche von Baur getreten. Die Theorie der Aufstellung solcher Tafeln ist allerdings noch eine keineswegs feststehende. Vorläufig halten alle Autoren je einen besonderen als besten Standpunkt fest und Keiner stimmt unbedingt dem Anderen zu, ein Stadium, welches wohl alle wirklich interessanten Dinge durchzumachen haben und aus dem heraus das Richtige sich schließlich durcharbeiten wird.

Einige der Grundlagen des Aufnahmeverfahrens, welches in den Normalbeständen geübt ist, prüfte Lorey in seinen Stammannalysen. Die Resultate veranlaßten Urich von Neuem die Grundsätze der Probestammsysteme zu besprechen (Z. f. F. u. J. pg. 397) und dieses wieder Lorey zu einer weiteren Beleuchtung (Allg. F. u. J. pg. 319).

Die Formzahlen der Kiefer, wie sie aus einzelnen Stämmen sich herleiten, untersuchte Kunze (Supplemente Bd II. z. Thar. J.) und Weise (Z. f. F. u. J. pg. 396). Ersterer hat den Fehlerquellen besondere Aufmerksamkeit gewidmet und giebt dann die Brusthöhen= formzahlen gruppirt nach den verschiedensten Systemen, letzterer zieht auch die absolute Formzahl in den Kreis der Betrachtung hinein und versucht für diese Befürwortung einzulegen. Aus allen Unter= suchungen geht hervor, daß die Form der Kiefer im großen Durch= schnitt eine außerordentlich wenig variable Größe ist. Die Form des Schaftes steht fast genau zwischen Kegel und Paraboloid.

Die Kluppungen der Bestände für Taxationszwecke der Praxis dürfen nach den Untersuchungen der Preußischen Versuchsanstalt nach 5 cm Stufen erfolgen. Für die Bezifferung der Kluppen wird im Anschluß daran ein anderes System empfohlen, bei welchem statt der Centimeterzahl, die der Stufen erscheint. Die Vortheile, welche die

Praxis davon hat, scheinen größer zu sein, als vermuthet werden konnte.

Die in ihrer Bedeutung zur Wissenschaft und Praxis noch nicht weiter klargestellte Borggrevesche Formel, hat jedoch bereits soviel Beachtung gefunden, daß dem Verfasser bewiesen wird: Es giebt nichts Neues unter der Sonne. Ein anonymer Satz im Baurschen Centralblatt (pg. 304) behauptet sogar ziemlich unverblümt, daß das auch Borggreve hinsichtlich der Formel nicht unbekannt war. Es bestimmte das Borggreve aus seiner in dieser Richtung bisher beobachteten Reserve hinauszugehen (F. Bl. 179). Zwei Wünsche sind es die wir bei diesen Auseinandersetzungen aussprechen möchten, nämlich einmal, daß dergleichen Behauptung vom Autor mit aufgeschlagenem Visir abgegeben werden und ferner daß die Verwendung der Formel für die Praxis recht bald erläutert wird. Dann läßt sich vielleicht auch ein weiteres Wort darüber sprechen, daß, wie Borggreve erklärt, die aus den neuen sogenannten Ertragstafeln abgeleiteten Schlußfolgerungen grundfalsch sind.

Eine Anleitung zur Ausführung von Einrichtungsarbeiten in den Königlich Preußischen Staatsforsten aus der Feder Deferts ist uns in Aussicht gestellt, der erste Band: die Horizontalaufnahme bei den Neumessungen der Wälder ist bereits erschienen.

Der von vielen Seiten vollständig bei Seite geschobene Meßtisch ist vom Obergeometer Geyer in München wesentlich verbessert und hofft nun wieder auf größere Verwendung, namentlich bei Aufnahme des Details (Baur Centralbl. pg. 21).

Auf die allgemeinen Grundsätze der Eintheilung auf dem Gebiete der Bodenwirthschaft wird unsere Aufmerksamkeit durch Kaiser-Cassel gelenkt (Z. f. F. u. J. pg. 308). Der historischen Entwickelung nach ist die Weide die älteste Culturart, dann folgen Wiesenbau, Ackerbau, Waldbau. Die höchste Stufe der Wirthschaft ist nur dann möglich, wenn die nach Lage bezw. Standort verschiedenen Flächen wirthschaftlich richtig abgegrenzt und entsprechenden Kulturarten überwiesen werden. In der Ebene soll dem Walde bleiben neben dem absoluten Waldboden die Meeresküste und im Binnenlande ausgedehnte Streifen, in der Niederung das Inundationsgebiet in der Nähe der Ströme. Das Gebirge ist das eigentliche Heim der Waldcultur

Dort kann nur unter dem Schutze des Waldgürtels die Landwirth=
schaft gedeihen. Land= und Forstwirthschaft müssen systematisch ab=
gegrenzt sein und es ist vor allen Dingen für Herbeiführung inten=
sivster Bodenwirthschaft das Gebiet des Schutzwaldes festzustellen,
desjenigen Waldes, an dessen Existenz die landwirthschaftliche Cultur
gebunden ist. — Von der Theorie zur Praxis scheint hierbei ein
gar weiter Zwischenraum zu liegen.

In wenigen Jahren hat sich die Frage, ob gutes brauchbares
Leder durch Mineralgerbung hergestellt werden kann, zu einer der
brennendsten aufgeschwungen; die Rentabilität vieler tausender von
Hektaren ist auf Jahre hinaus vernichtet, sobald das Ja bestimmt
gesprochen ist. Schon die Vorsicht erheischt es, sorgsam die Schritte
der ununterbrochen weiter forschenden Chemie zu beobachten. Ist es
nicht Knapp, ist es nicht Heinzerling, so kann es ein Dritter und
Vierter sein, der die Lösung des Problems findet. Vor Neuanlagen
von Eichenschälwaldungen muß vorläufig eigentlich gewarnt werden,
denn neben dem Risiko, welches der Waldeigenthümer aus den möglichen
Erfolgen der Mineralgerbung trägt, steht die Thatsache, daß die
Rindenpreise sich auf einem außerordentlich niedrigen Stande bewegen
und die frühere hohe Rentabilität der Betriebsart aufgehoben haben.
Die Berichte in der Allg. F. u. J. pg. 183 resumiren über die
diesjährigen Märkte: nicht nur überall fast gleichmäßiger Rückgang der
Preise, sondern vielfach sogar Unverkäuflichkeit der Waare! Wirkt da
bereits die Mineralgerbung, ist Ueberproduction vorhanden, drücken
auswärtige Rinden die Preise oder ist die Coalition der Gerber so
gut organisirt, daß sie den Preis machen kann?

Im Forstverein des Großherzogthums Hessen stand die Mine=
ralgerbung 1880 auf der Tages=Ordnung. Die großen Fortschritte
derselben wurden nicht geleugnet, dennoch haben sie ein übereinstimmend
günstiges Urtheil nicht herbeiführen können. Die diesjährige Patent=
und Musterschutz=Ausstellung gab einen guten Einblick in den Stand
der Sache und ein sehr ruhig geschriebener Artikel in der deutschen
Gerberzeitung spricht sich folgendermaßen darüber aus: Die Wahr=
heit liegt wie so oft in dergleichen Streitfällen auch hier in der Mitte.
In bestimmten Fällen mag die Haltbarkeit des mineralgaren Leders

nicht bestritten werden, in anderen wird es nicht gegen die lohgaren aufkommen und was die Schönheit der Zurichtung anbelangt, so kann solche mit derjenigen der lohgaren Oberleder schlechterdings nicht concurriren. Indessen diese Erfindung hat auch ohne diese schon ganz eminente Vortheile wie z. B. durch die Zeitersparniß. Soweit der Bericht. Daß die Wissenschaft und Praxis übrigens mit den bisherigen Erfolgen nicht völlig befriedigt ist, geht schon daraus hervor, daß immer neue Verfahren patentirt werden.

Eigenthümlich ist, daß die Lohgerberei selbst fortwährend nach anderen neuen vegetabilischen Gerbmitteln sucht und indem sie dieselben, wie es scheint, in ziemlich bedeutenden Mengen anwendet, den Markt der Eichenlohe einschränkt. In diesem Jahre wurde u. A. der Anbau von Mimosen empfohlen, doch wird der Widerspruch, den Forstmeister Wohmann zu Straßburg, Gärtner Späth in Berlin und Professor Dr. Wittmack daselbst erhoben, wohl von Anbauversuchen abhalten. Die Pflanze eignet sich in allen ihren Species nicht für die Cultur im Freien.

Die deutschen Gerber hielten vom 6.—8. April zu Hannover eine Generalversammlung, auf welcher die Mineralgerbung ein Hauptthema bildete. Die Referenten vertraten die Ansicht, daß das Mineralleder durchaus nicht mit Erfolg in Concurrenz treten könne und daß nur dem aus Eichenlohgerbung hervorgegangenen die Zukunft gehören werde. Abermals wurde der Mangel an Eichenrinde in Deutschland hervorgehoben, was augenblicklich auf Grund der mitgetheilten Resultate aus den Rindenmärkten mit ganzer Entschiedenheit zurückgewiesen werden muß. — Sehr anerkennenswerth ist hingegen, daß der Verein beschloß ein chemisch-technisches Laboratorium zu gründen, welches sich mit der Feststellung des Gerbwerthes der einzelnen Rinden und Surrogate sowie mit den übrigen für die Gerberei noch zu lösenden Fragen ausschließlich zu beschäftigen hat. Ebenso verdient alle Beachtung, was über den Schutz der Rinden gegen Auswaschung durch Regen mitgetheilt wurde. Mit großem Vortheil sind zu diesem Zwecke leicht transportable bedachte Gerüste angewendet (vgl. Z. f. F. u. J. pg. 612.)

Endlich verhandelte auch der Preußisch-hessische Forstverein über die Eichenschälwaldfrage und die Mineralgerbung. Der Referent, Oberförster Dantz zu Allendorf, vertrat die Ansicht, daß z. B. ein

erheblicher Einfluß auf die Frage der Einschränkung der Schälwal=
dungen noch nicht eingeräumt werden kann. Eichenrinde ist noch als
ein unentbehrliches Gerbmaterial anzusehen, eine weitere Vervollkomnung
der Mineralgerbung sei aber zu erwarten, der Mineralgerbung werde
die Zukunft gehören und die Frage müsse schon immer erörtert werden,
wie man mit den möglichst geringen Opfern eine Umwandlung der
Eichenschälwaldungen zur Ausführung bringen könne. (Forstl. Bl. 327.)

Auch nach einer anderen Seite wird der Wald sehr erheblich an
Nutzholzmarkt verlieren nämlich durch die Einführung des eisernen
Unterbaues für Eisenbahnen. Wenn man sieht, wie Kgl. Bahnver=
waltungen auch auf den Strecken, wo die Bahn mitten durch Kgl.
Forsten meilenweit durch schwellenholzreiche Bestände führt, an
eine Verwendung des Holzes nicht mehr denkt, und Eisen dafür
legt, so muß man an den Ernst der Situation glauben. Auch die
vervollkommneten Imprägnirmethoden werden den ins Rollen ge=
kommenen Stein nicht völlig aufhalten, höchstens uns die Secundär=
bahnen retten. Die Dauer des imprägnirten Holzes ist nach den jetzt
vorliegenden Erfahrungen folgende: Eiche 19,5—25 Jahr, Kiefer
13,9—22,8 Jahr, Fichte 6,6—9,6 Jahr, Buche 13,0—17,8 Jahr.
Gewiß wird hierbei Viele die hohe Ziffer des armen verachteten
Buchenholzes überraschen. Nun wer meinen Aufsatz „die Buchennutz=
holzfrage" (Z. f. F. u. J. pg. 529) gelesen hat, wird nicht darüber
verwundert sein, wenn ich den Grund für die trotzdem geringe Ver=
wendung des Buchenholzes in den hohen Nutzholzpreisen sehe. Buchen=
holz leidet unter dem Aberglauben, daß es hauptsächlich Brennholz ist
und es geht jetzt, wo das Brennen von Holz immer mehr aufhört,
durch eine schwere Krisis hindurch. Es verliert seinen Hauptmarkt
und den andern muß es sich erst erobern. Neue Waaren, die anderen
gleich guten ebenbürtig zur Seite treten sollen, müssen sich vor allen
Dingen durch ihren niedrigen Preis auszeichnen, dürfen zum mindesten
nicht theurer sein, sonst werden sie nicht gekauft. Wird das Angebot
von Buchenholz noch weiter beschränkt, als es jetzt vielfach der Fall
ist und gehen die Preise in Folge dessen noch weiter in die Höhe, so
wird die Verwendung der Buche als Nutzholz bald aufhören. Großes
Angebot zu billigen Preisen kann ihr über die Krisis weghelfen, denn
brauchbar ist sie, wie in dem citirten Aufsatze gezeigt ist, in hohem Maße.

Wenn ich oben sagte, daß die Verwendung als Holz bald aufhören würde, so dachte ich daran, daß ja die Industrie in großen Massen das Holz zur Darstellung anderer Stoffe benutzt. Für die Buche ist vom Prof. Dr. J. Moser die Frage behandelt, ob man sie mit Vortheil zur Alkoholproduction verwenden könne und das Ergebniß ist, daß das durchaus nicht außer dem Bereiche der Möglichkeit liegt, namentlich wenn die Besteuerung nicht nach dem Raume, sondern nach Maßgabe des gewonnenen Fabrikats geschieht. Von Dauzivillé in Paris ist bereits ein Patent genommen auf ein Verfahren der Umwandlung von Holzmasse in Glucose und Alkohol (Nr. 11836 vom 23. III. 1880.)

Die fabrikmäßige Darstellung von Zucker aus Holz liegt nicht mehr außer dem Bereiche der Möglichkeit, die von Cellulose hat bereits großartige Dimensionen angenommen. Eine Fabrik zu Königstein in Sachsen braucht jetzt jährlich 10000 Rm Nadelholz (Thar. J. B. pg. 104.) und stellt daraus ca 22 000 Ctr. Cellulose dar. Laubholz würde ebenfalls verwendet werden können.

Ueber andre neue in großem Maßstabe auftretende Verwendungen des Holzes liegen keine Berichte vor.

Die Kenntniß von den technischen Eigenschaften der Hölzer, die für die ganze Forstbenutzung von außerordentlicher Bedeutung ist, hat Nördlinger zu mehren gesucht. Hempels Centralblatt bringt pg. 1 einen Aufsatz über die Zugfederkraft. Der Bau des Holzes ist für dieselbe von größter Bedeutung. Wimmeriger Wuchs drückt ebenso wie jeder Astdurchgang, jeder überwallte Knoten, ja selbst jeder zur schlafenden Knospe führende Holzstrang Elasticität und Tragkraft empfindlich herab, also grade die Eigenschaften die für Bauholz die wichtigsten sind. Die Erziehung wirklich guten Bauholzes ist nur möglich in Beständen, die namentlich in der Jugend dicht geschlossen standen.

Der Fällungsbetrieb trägt bei uns das hergebrachte patriarchalische Kleid; wohl hat Pulver und Dynamit versucht sich einen Platz bei der Rodung der Stöcke zu erringen, der Waldteufel, das Wohman'sche Zwickbrett und andere Instrumente beim Werfen der Bäume zu helfen — immer aber ist es im Großen und Ganzen trotzdem bei dem Althergebrachten geblieben. Sägen mit mäßigem Schnitteffecte, Keile der

primitivsten Art und eine leidlich gute Axt sind die Hauptgeräthe ge=
blieben. Wenn Deutschland in allem, was Holzanbau betrifft, mit
Recht wohl als an der Spitze schreitend gedacht werden muß, so
bewegt es sich im Holzhauereibetriebe vollständig noch in den Kinder=
schuhen. Gerade das Gegentheil sind wir darin von den Amerikanern.
Dort ist der Abholzungsbetrieb in einer Weise ausgebildet, wie er
wohl nirgends sonst noch gefunden wird, der Culturbetrieb liegt dagegen
im ärgsten Argen. Was wir von Aexten und Sägen von Amerika be=
kommen, steht durchweg dem Vorzüglichsten unserer heimischen Production
gleich. Die beste Sägeconstruction, diesem Phantom, welchem bei uns
schon so viel Zeit und Nachdenken geopfert ist, ist dabei den Amerikanern
sehr gleichgültig, der Prüfstein ist die effective Leistung der Säge. Zahn=
formen, Stellungen, Stärken alles zeigt denn auch eine Verschiedenheit,
die das Auffinden einer Theorie sehr schwierig macht. Und geht es nicht
mit dem Handbetriebe, dann wird auf maschinellem Wege erhöhte
Leistung gesucht und gefunden.

Vielleicht kommt auch in unseren Betrieb bald mehr Fluß, an
Bestrebungen fehlt es nicht. Die amerikanischen Sägen haben bereits
große Beachtung gefunden. Eine Sägemaschine (von Schulte in Essen
a. d. Ruhr) figurirte auf der Hannover'schen land= und forstwirth=
schaftlichen Ausstellung und wurde auch den Besuchern der Versammlung
deutscher Forstleute vorgeführt. Der Effect dieser Maschine zeigte
sich zwar recht schwach, die Konstruction ist aber hübsch erdacht und
vielleicht so verbesserungsfähig, daß sie uns doch noch einmal nützlich
wird.

Erfreulich, ist was auf dem Gebiet des Waldwegebaues und in
den Hülfen der Holzbringung im Gebirge geleistet worden. Neues
tritt auch da hinzu. Eine ganze Reihe von Aufsätzen betitelt „Studien
aus dem Salzkammergute" veröffentlicht im Hempel'schen Centralblatt
Forstmeister Förster in Gmunden.

Für den Abbau von Torflägern haben Maschinen und Schienen=
wege schon jetzt hohe Wichtigkeit. Oberförster Frank in Schussenried
beschreibt derartigen auf hoher Stufe angelangten Betrieb (Baur
Centrbl. pg. 88). Es kosten 100 kg. Maschinentorf per Bahnhof
Schussenried 0,74 M., Stichtorf ist zwar scheinbar etwas billiger, doch
wird er durch eine genaue Anrechnung des Abfalls theurer. Dem

Maschinentorf giebt Frank seinem Brennwerthe nach den Vorzug vor dem Buchenholze, weil er ruhiger brennt und länger anhaltende Gluth zurückläßt. Die Ersparniß gegen Buchenholz schätzt er auf 20 %. Also auch von der Seite kommt neue energische Concurrenz für das Brennholz.

Für die Fichte ist bei ihrer hohen sonstigen Nutzbarkeit der Werth des Harzes so gering anzuschlagen, daß eine Nutzung allmälig zu den Seltenheiten wird. Forstmeister Stöger zeigt uns in einem Aufsatze (Oest. Mon. pg. 392), daß dagegen für die Schwarzföhre der Betrieb noch in Flor steht. Untersuchungen ergeben den hohen Einfluß, den die Sonne auf die Größe der Erträge hat. Räumliche Bestände, Süd- und Ostlagen, warmes Wetter bei ausreichender Feuchtigkeit erhöhen den Fluß. Der Ertrag wächst, je stärker die Stämme sind. Auch aus v. Seckendorf „Beiträge zur Kenntniß der Schwarzföhre" geht die Bedeutung der Nutzung hervor.

Die Dauer des Holzes ist wesentlich abhängig von dem Orte und der Art der Verwendung; das ist längst bekannt ebenso wie der Widerstand, den es der Zersetzung entgegenstellt, wenn es stets unter Wasser sich befindet. Einen interessanten Beweis dafür liefert eine Anzeige des Großherzoglich Hessischen Kreisbauamtes, worin bekannt gemacht wird, daß am 31. Mai das aus dem Pfahlroste der Brücken=pfeilerreste der sog. Carolingischen Brücke bei Mainz genommene Eichen=holz öffentlich versteigert werde. Wegen seiner dunklen Farbe und da es im Innern durchaus gesund sich zeigte, wurde es namentlich zur Verarbeitung zu Möbeln und Kunstgegenständen empfohlen. Ein Jahrtausendlang hat das Wasser dieses Holz überströmt und es doch nicht verderben können.

Im Meere hat das Holz einen großen Feind in der Bohrmuschel (Teredo navalis) Riedl (Hempel Centralbl. pg. 193) berichtet, daß alle Holzarten von ihm angegriffen werden, theilt aber gleichzeitig mit, daß nach neuen Versuchen, die ziemlich übereinstimmend und gleichzeitig in Amerika, England, Belgien und Frankreich sehr gute Resultate gegeben haben, im Creosot ein geeignetes abwehrendes Im=prägnir=Mittel gefunden ist.

Der Absatz von Nutzholz ist im Jahre 1881 leichter geworden und es sind an vielen Orten höhere Preise erzielt. Ein einheitliches Bild über das ganze Gebiet läßt sich jedoch in Kürze nicht geben, weil der Factoren namentlich auch der lokal wirkenden zu viele sind.

Die großen Verhältnisse des Berliner Holzmarktes lassen für viele Sortimente namentlich bessere Waare eine Steigerung der Nachfrage durch heraufgehende Preise erkennen, während dem auch manches Sinken entgegensteht. Im Allgemeinen hofft man von der Zukunft Gutes. In Preußen hat sich der Reinertrag im Etatsjahr 1880/1 gegen das Vorjahr wesentlich erhöht und zwar im Folge besserer Nutzholzpreise.

Die Brennholzpreise scheinen aber fast überall heruntergegangen zu sein und wenn auch hier und da vorübergehende Motive wirken wie z. B. der Verbrauch der durch den Frost getödteten Obstbäume, so ist doch leider der Rückgang meistentheils als ein dauernder zu betrachten, weil er durch die Verwendung von Mineral-Kohle begründet werden muß. In Berlin wird in wenigen Jahren die Brennholz-consumtion ein Minimum erreicht haben, ganz einfach deshalb, weil die Ofenklappe polizeilich verboten und factisch bereits entfernt ist. Zwar wird sie im Wege des Processes hier und da noch sich wieder Feld erobern, aber was will das sagen gegenüber dem, was verloren bleibt. Ohne Ofenklappen ist die Holzfeuerung bei irgendwie nennens-werther Wintertemperatur kaum durchführbar. Die der Mineralkohle gegenüber leichte Gluth des Holzes hält sich in dem Ofen nicht, weil keiner der luftdichten Verschlüsse dauernd dicht bleibt und durch Fugen und Nebenwege Luft zutritt, die Verbrennung befördert und die Wärme dem Schornstein zuführt.

Die Klappe hinderte früher dieses Abströmen. Die Zimmer sind mit demselben Aufwande von Holz nicht mehr auf den üblichen Grad behaglicher Temperatur zu bringen und jede Periode größerer Kälte macht dem Walde Konsumenten abwendig.

Ein andrer großer Markt Triest hat im Anfang des Jahres mit großer Geschäftsflauheit zu kämpfen gehabt, die Frühjahrsmonate haben aber einen so bedeutenden Aufschwung gebracht, daß das Minus der Vormonate nahezu wieder gedeckt wurde. Beim Brennholze ist jedoch auch hier das Minus geblieben.

Der Handel Triest's ist ein außerordentlich bedeutender geworden.

Der Werth der gesammten dort umgesetzten Waaren betrug 1857 ca. 280 Millionen Gulden, bis 1880 war er auf ca. 459 Millionen gestiegen (Oest. Monatsschrift pg. 345). Einen Hauptartikel bilden Faßdauben; der Werth dieser Waare wird auf beinahe 4 Millionen Gulden geschätzt. Im Jahre 1880 sind fast 44 Millionen Stück ausgeführt, wobei die Firma J. B. Gairard allein mit über 17 Millionen betheiligt ist.

Wesentliche Erleichterung würde überall dem Holzhandel die weitere Vermehrung gut ausgebauter Holzabfuhrwege, die Eröffnung neuer Wasserstraßen und endlich eine Reform der Tarife auf den Eisenbahnen bringen. Einen sehr interessanten Artikel über letzteren Punkt bringt Oberforstmeister Guse. Er giebt den Nachweis (Z. f. F. u. J. pg. 585), daß die billigen Tarife in weit erheblicherem Maße dem inländischen als dem ausländischen Holze zu Gute kommen und entkräftet damit eine gegentheilige Behauptung aus einem Berichte, den die Aeltesten der Magdeburger Kaufmannschaft erstattet hatten. Die Tarifirung des Holzes ist z. Z. noch eine außerordentlich verschiedene, ein Umstand, der gewiß wesentlich beschränkend auf die Benutzung der Eisenbahnen wirkt. Um so freudiger kann man die Bestrebungen begrüßen, die von den Eisenbahndirectionen zu Bromberg und Breslau ausgegangen sind und den Zweck haben, für die diesen Verwaltungen unterstellten, sowie auch für andere benachbarte Bahnen eine Einheit des Tarifs herbeizuführen. Haben auch die Conferenzen die Angelegenheit noch nicht zu dem gewünschten Abschluß gebracht, so werden sie doch keinesfalls ohne Wirkung bleiben und zum Mindesten Einheit bei den betr. Staatsbahnen herbeiführen.

Auch gegenüber den billigen Tarifen stellt sich die Wasserverfrachtung bei weitem geringer; es beträgt z. B. die Fracht pro Tonnen Kilometer (1000 kg. auf 1 Km. Weg) von Königsberg nach Berlin 0,9 Pf. zu Wasser und 2,7 Pf. excl. Expeditionsgebühr auf der Bahn. Es wird daher überall, wo man zwischen beiden wählen kann, der Wassertransport genommen werden und jeder neu geschaffenen, Forsten aufschließenden Wasserstraße besonderer Werth beizulegen sein.

Forstmeister Wagener=Castell glaubt, daß der Entwerthung des heimischen Waldvorraths durch die Concurrenz des Auslandes zwar

gründlich und dauernd nur durch Erhöhung des Zollsatzes für ge=
sägtes und rund oder kantig behauenes Nutzholz auf 10—15 Mk. pro
Festmeter und weitere ergänzende Bestimmungen der Zollgesetzgebung
abgeholfen werden kann, daß aber auch die Leitung des Eisenbahn=
betriebes wesentlich bei der Lösung der Aufgabe durch Einführung
zweckmäßiger Tarifirungen helfen kann. (cfr. Z. f. F. u. J. pg. 641.)

Aus Preußen und Sachsen liegen Verfügungen der forstlichen
Ressort=Minister vor, aus deren Inhalt ersichtlich ist, daß dem Drucke
der schwierigen Verhältnisse das Prinzip, alles Holz auf öffentlichen
Licitationen zu verkaufen, in manchen Fällen weichen muß. Preußen
läßt den Holzverkauf im Submissionswege zu und erweitert die Be=
fugniß der Localbehörden für den freihändigen Verkauf. Sachsen
gestattet beim Stangenverkauf größere Freiheit als bisher.

Aus der Gesetzgebung.

Die Idee, die Existenz des Waldes gesetzlich zu schützen, macht
ihren Weg weiter durch die Welt. Die erste Stufe der Kultur lebt
im Kampfe gegen den Wald, die höchste im Kampfe für Erhaltung
desselben. Wunderbar spiegeln sich diese Verhältnisse in Amerika, dem
Lande der großen Contraste ab. Der Colonist geht mit Feuer und
Axt dem Walde zu Leibe, um ihm Raum für den Feldbau abzu=
ringen, die bereits reich bevölkerten Staaten sehen mit Sorge die
Reste des Waldes zusammenschrumpfen und erregen Agitationen für
eine pflegliche Behandlung und Vermehrung der Anpflanzungen. Der
Nutzen des Waldes wird der Bevölkerung klar zu machen gesucht und
man hofft noch durch Belehrung Gutes zu wirken und das Ziel zu
erreichen. Auch erwartet man, daß die Waldwirthschaft bei steigenden
Holzpreisen rentiren und so für sich selbst sprechen wird. Wir wollen
es wünschen, können es aber kaum hoffen. Waldwirthschaft bedarf
hochconservativer, stabilster Verhältnisse, und wo diese der Eigenthümer
nicht vertritt, des gesetzlichen Schutzes.

In Preußen ist in diesem Jahre das Gesetz über die gemein=
schaftlichen Holzungen vom 14. Mai in Kraft getreten. Dieselben

unterliegen danach, insoweit sie sich nach ihrer Beschaffenheit und ihrem Umfange zu einer forstmäßigen Bewirthschaftung eignen, hinsichtlich des Forstbetriebes und der Benutzung der Aufsicht des Staates und zwar nach Maßgabe der gesetzlichen Bestimmungen, welche in den einzelnen Landestheilen für die Holzungen der Gemeinden gelten. Besonders wichtig ist es, daß die gemeinschaftlichen Waldungen in der Regel nicht mehr getheilt werden dürfen, und daß auch bereits eingeleitete Theilungen sistirt werden können. Es steht zu hoffen, daß durch diese Bestimmungen eine Reihe von Waldungen theils vor der Devastation bewahrt bleiben, theils aus derselben geregelteren Verhältnissen zugeführt werden. Die Befugnisse des Staates sind nach dem Gesetze in den einzelnen Landestheilen verschieden. Die Zeitschrift für Forst- und Jagdwesen bringt vom Maiheft beginnend eine Reihe von Artikeln aus der Feder Dr. Danckelmanns, welche die durch das Gesetz hervorgerufenen Verhältnisse in sehr eingehender Weise beleuchten. Das Areal, welches dem Gesetze unterliegt, hat nach den Motiven 103 591 Fläche.

Zur Durchführung des Gesetzes sind die einleitenden Schritte unmittelbar nach der Publication getroffen. Aus der betreffenden Instruction möchten wir besonders den Artikel V hervorheben, welcher lautet: Ich wünsche, daß die Aufsichtsbehörden bei Handhabung ihres Aufsichtsrechts zwar mit Nachdruck für die Erhaltung und wenn nöthig, für die Wiederherstellung eines geordneten Zustandes der Holzungen Sorge tragen, daß sie aber ihre Einwirkung auf das in dieser Beziehung unerläßliche Maß beschränken. In der Regel wird zur Erreichung des Zweckes eine wirksame Aufsicht auf den forstwirthschaftlichen Theil des Betriebes genügen, und der öconomische Theil desselben den Genossenschaften selbstständig überlassen werden können. Aber auch bezüglich des forstwirthschaftlichen Theiles des Betriebes empfehle ich den Aufsichtsbehörden, in bestehende Verhältnisse, Einrichtungen und hergebrachte Gewohnheiten abändernd oder beschränkend von Aufsichtswegen nur schonend und nur insoweit einzugreifen, als dies der vorhin angedeutete Zweck der Aufsicht unumgänglich erheischt. Insbesondere wünsche ich, daß auf die bestehenden öconomischen Verhältnisse und auf die Gewohnheiten bei Zugutemachen der Nebennutzungen, namentlich der Streu, jede billige Rücksicht genommen und

die im Interesse eines ordnungsmäßigen Holzbestandes etwa erforder=
lichen Einschränkungen nur allmälig ohne Schroffheit angebahnt
werden. Es ist Aufgabe der Aufsichtsbehörden, die Interessenten zu
überzeugen, daß ihrem eigenen dauernden Nutzen am besten gedient ist
durch die neue Verwaltung und Kontrole.

Die Forstschutzgesetzgebung in Sachsen ist vorläufig als aufge=
geben zu betrachten. Den Tharander Jahrbüchern entnehmen wir
aus einem Aufsatze Judeichs Folgendes: Die Rodungen haben in
Sachsen einen außerordentlich großen Umfang angenommen, namentlich
in den kleinen Privatwaldungen. Neu aufgeforstet ist gerade in diesen
wenig, so daß die effective Verminderung der Fläche bedeutend ist.
Die Frage, ob durch die Rodung und die Verwandlung in Feld den
Besitzern der betreffenden Güter ein nachhaltiger Gewinn erwachsen
ist, verneint Judeich. Es ist hier wie anderwärts vielfach so ge=
gangen, daß für die vermehrte Feldfläche der Dünger gefehlt hat.
Die Lage der neuen Felder ist meist nicht günstig gewesen und es ist
für die Bewirthschaftung von Menschen und Zugvieh zu viel Zeit
verlaufen. Seit 4—5 Jahren liegen viele Rodeflächen brach. Trotz=
dem ist die Regierung und zwar gestützt auf eine Reihe von gründ=
lichen Erhebungen zu dem Schlußresultat gekommen, daß das Be=
dürfniß und die Dringlichkeit gesetzlicher Maßnahmen und namentlich
der Erlaß eines Waldschutzgesetzes kaum genügend dargethan ist. Dem
ist auch das Parlament beigetreten. Man hofft die übeln Folgen
der Rodungen dadurch beseitigen zu können, daß der Staat ausreichende
Mittel für den Ankauf von Oedländereien erhält. Auch verspricht
man sich Erfolg davon, daß man durch Presse und Vereinswesen die
Landwirthe auf den Werth einer guten rationellen Waldpflege hinweist.

Die Zeit wird lehren, ob das ausreichen wird.

Aus der Verwaltung.

Im Jahre 1881 trat zum ersten Male der Preußische Volks=
wirthschaftsrath zusammen. Derselbe interessirt auch uns lebhaft,
da er seiner Organisation nach in drei Sectionen zerfällt, von denen
die dritte die der Land= und Forstwirthschaft ist. Die beiden ersten

gehören dem Handel und Gewerbe. Der Volkswirthschaftsrath soll Gesetze und Verordnungen, welche wichtigere wirthschaftliche Interessen von Handel, Gewerbe und Land- und Forstwirthschaft betreffen, begutachten, bevor sie Sr. Majestät dem Könige zur Genehmigung unterbreitet werden. Er muß deshalb Sachverständige aus allen denjenigen Kreisen aufweisen, deren Gebiet berührt wird. Die Zahl der Mitglieder ist auf 75 festgesetzt. Für die Präsentationswahlen haben landwirthschaftliche Vereine, welche im Gesetze besonders namhaft gemacht sind, 30 Vertreter zu wählen, von denen 15 auf die Vorschlagsliste kommen, welche dem König vorgelegt wird. Den Forstvereinen ist eine Wahlbefugniß nicht eingeräumt. Die Ausdehnung des Volkswirthschaftsraths auf das Reich ist auch von dem neuen Reichstage abgelehnt.

Die Reform der inneren Verwaltung in Preußen ist durch das Gesetz vom 26. Juli 1880 über die Organisation der allgemeinen Landesverwaltung, welches mit dem 1. April d. J. in Kraft getreten ist, zwar einen wesentlichen Schritt weiter gekommen, doch ist der Abschluß noch immer nicht erreicht. Es ist wohl im höchsten Grade wünschenswerth, daß er bald erfolgt und dann endlich klar wird, was von den neuen Gesetzen provisorisch und dauernd ist. Augenblicklich ist die Entscheidung darüber, was gilt und nicht gilt, recht schwierig. Das neueste Gesetz hat wieder eine stattliche Reihe von Paragraphen aus Gesetzen des letzten Jahrzehntes begraben. Die Ausführungsbestimmungen vom 26. März 1881 geben zur Orientirung der Verwaltung eine offizielle Todtenliste (Jahrbuch d. Preuß. F. u. J. V. pg. 185), über deren Umfang der der Verwaltung ferner Stehende erstaunen muß.

In Württemberg ist eine lebhafte Erörterung in der Kammer darüber gepflogen, ob es unter den veränderten Verhältnissen nicht angezeigt ist, die Forstämter aufzuheben und die Controle über die Betriebsführung in Zukunft von der Centralstelle allein zu leiten. Bei dieser müßte dann natürlicher Weise die Zahl der Räthe entsprechend zu vermehren sein. Für die Beibehaltung der bisherigen Verfassung sprach jedoch der Umstand, daß die Forstämter wesentlich betheiligt sind bei der Durchführung der Gemeindegesetzgebung, daß die Geschäftslast der Revierverwalter sehr erheblich wächst und die für den Wald disponible Zeit beschränkt, daß endlich die Forstmeister jetzt besser über alle Localfragen orientirt sind, als bei strenger Centralisation. Indessen wurde doch ein Antrag auf Verminderung der Forstämter im Laufe der weiteren Debatte angenommen.

Auch in Weimar ist die Organisation in den letzten Jahren mehrfach zur Debatte gebracht. Weimar besitzt 42,537 ha, welche in 7 Forstinspectionsbezirke getheilt sind, so daß also auf rot 6000 ha schon ein Forstmeister kommt. Die Forstmeister wohnen im Bezirke und bilden die Zwischenstation zwischen Revierverwalter und der höheren Behörde. Eine Aenderung wird in Anregung gebracht im Hinblick auf die jetzt vorhandenen vortrefflichen Reiseverbindungen, auf die ganz erheblich gestiegenen Ansprüche betr. Vorbildung der Revierverwalter, welche eine selbstständigere Verwaltung als bisher ermöglicht. (Forstl. Bl. pg. 257).

In Elsaß-Lothringen sind mit dem 1. April die Forstdirectionen aufgelöst und deren Befugnisse an die Bezirks-Präsidenten übertragen. Die Forstmeister und Oberforstmeister in dem betr. Gesetze Forstaufsichtsbeamte genannt — können dem Bezirks-Präsidenten als Räthe beigegeben, die Oberforstmeister bezüglich der Forstangelegenheiten als Vertreter der Präsidenten für Behinderungsfälle bestellt werden. Man hofft von dieser neuen Organisation eine wesentliche Vereinfachung und Beschleunigung des Geschäftsganges.

Für die Forsteinrichtungsarbeiten ist in Straßburg ein besonderes Bureau gebildet, welches mit ständigem Personale arbeitet. Bei der größeren Uebung desselben läßt sich eine Bewältigung des großen Arbeitspensums mit mehr Sicherheit als· bisher erwarten.

Der Forstverwaltung in Elsaß-Lothringen scheinen aus der Gesinnung der Bevölkerung namentlich aber aus der des Landesausschusses sehr erhebliche Schwierigkeiten zu erwachsen. Man findet öffentlich fast nur Bemängelungen und übergeht rühmliche Leistungen mit Stillschweigen. (Allg. F. u. J. pg. 241). Der Zug der Beamten nach der Heimath ist unter so bewandten Verhältnissen ein erklärlicher, aber wir wollen doch wünschen und hoffen, daß die bewährten und nun mit den Schwierigkeiten ihrer Stellung vertrauten Beamten ihm nicht nachgeben, sondern ausharren. Das deutsche Vaterland weiß, was es ihnen zu danken hat, wenn auch Elsaß-

Lothringen den Standpunct des Protestes — à outrance möchte ich sagen — festhält. Wer ein mildes Regiment nicht verstehen will, wird sich mit einem strengen abfinden müssen.

___

Aus dem Versuchswesen.

Die früher begonnenen Arbeiten sind fortgesetzt und haben zum Theil einen vorläufigen Abschluß erfahren. Publicirt wurden durch v. Baur die Ertragstafeln und Formzahlen für die Rothbuche, wie sie sich nach den württembergischen Erhebungen stellen, Kunze und Weise geben Formzahlen für die Kiefer, und ersterer behandelt außerdem den Einfluß des Streurechens. (Thar. Jahrbücher pg. 47).

Von Ganghofers rühmlichem Werke „das forstliche Versuchswesen" liegt nach Erscheinen des dritten Heftes der erste Band vollständig vor; von Seckendorf widmet allen Freunden und Pflegern des Waldes „das forstliche Versuchswesen, insbesondere dessen Zweck und wirthschaftliche Bedeutung."

Für Anbau=Versuche mit fremden Holzarten waren bereits im Vorjahre die Vorbesprechungen gehalten worden; in diesem Jahre ist der definitive Plan in dem Vereine deutscher forstlicher Versuchs=Anstalten debattirt und angenommen. Außerdem sind eingeleitet die Versuche und Untersuchungen über die technischen Eigenschaften sowie über das forstliche Verhalten der fremden Anbau=Holzarten. Als eine einleitende Arbeit für dieses letztere ist die statistische Aufnahme der bereits vorhandenen älteren Stämme anzusehen. Es geschah dieselbe im Anfange des Jahres und die tabellarische Verarbeitung nebst dem Text wurde bei der Sitzung des Vereins in Braunschweig im Manuscript durch die preußische Versuchs=Anstalt vorgelegt. Die Publikation soll in den ersten Heften der Z. f. F. u. J. pro 1882 geschehen.

In Preußen sind für die Versuche im Extra=Ordinarium 50,000 M. bewilligt und auf 90 Revieren die Arbeiten begonnen. Leider stehen die Saaten in Folge des ganz abnorm trockenen Frühjahrs, der Juligluth und der Herbstkälte vielfach nicht gut, und es ist zu fürchten, daß ein großer Theil im Winter eingeht. Das Holz

ift, wie es auch bei einem großen Theile unserer einheimischen Holz=
arten der Fall ift, nicht reif geworden.

Lebhaft ift das Vorgehen mit diesen Kulturversuchen in der
Literatur besprochen und die meisten Stimmen haben sich für die
Sache ausgesprochen, wenige dagegen. Gewiß erscheint es sehr frag=
lich, ob wir für den Wald wirklich wesentliche Vortheile aus den
Anbau=Versuchen haben werden und wenn es faktisch nach der wald=
baulichen Seite hin der Fall ift, ob das hier gewachsene Holz den
technischen Werth, wie das fremdländische hat. Die Centralisaton
der Versuche erreicht aber unter allen Umständen den Vortheil, daß
die Resultate festgestellt werden und nicht fernerhin ein Jeder für sich
und von Neuem experimentirt. Und nach dieser Richtung hin ift es
zu bedauern, daß die Zahl der Holzarten nicht noch weiter hat gefaßt
werden können. Außer in Preußen werden Versuche angeftellt werden
in Baiern, Baden, Württemberg, Elfaß=Lothringen, Braunschweig,
Anhalt und Mecklenburg.

Nach der Verordnung vom 21. Auguft ift die Organifation der
Baierifchen Versuchs=Anftalt nunmehr folgende geworden: Sie zerfällt
in Abtheilungen, denen Univerfitäts=Profefforen vorftehen. Die Leitung
des Gefammtinftituts führt ein Vorftand, welcher aus der Zahl der
für das Versuchswesen berufenen Profefforen auf die Dauer von drei
Jahren ernannt wird. Derfelbe hat die Verwaltungsgeschäfte zu
beforgen. In den für die Versuchs=Anftalt eingerichteten Räumlich=
keiten haben die neben dem Unterrichte auch für das forftliche Ver=
fuchswesen beftellten Univerfitätslehrer nebft ihren Affiftenten ihre
Unterfuchungen auszuführen und mit dem theoretischen Unterrichte die
erforderlichen practischen Uebungen und Demonftrationen zu verbinden.
Den übrigen Univerfitätslehrern kann die Benutzung der im Gebäude
der Versuchsanftalt verfügbaren Hörfäle, Sammlungen u. f. w. für
die Abhaltung ihrer Vorlefungen geftattet werden, in wiefern sie an
den Arbeiten des Versuchswesens mitwirken können, ift im Statut der
Versuchs=Anftalt zu beftimmen.

In Elfaß=Lothringen wird mit dem 1. Januar 1882 eine
felbftftändige Hauptftation des forftlichen Versuchswesens errichtet und
damit die bisherige Vereinigung des dortigen Versuchswesens mit dem
Preußischen aufgehoben.

In der Schweiz wird es zu einer Organisation vorläufig noch nicht kommen, da das Forstwesen nur in wenigen Kantonen soweit entwickelt ist, um sich am Versuchswesen mit sicherem Erfolge betheiligen zu können.

***

Aus der Statistik.

Die Organisation der Statistik, von allen Seiten gewünscht, ist zwar noch nicht in feste Form gegossen, aber es mehren sich doch die Anzeichen, daß wir von der Erfüllung unserer Wünsche nicht weit ab sind.

In Preußen hat bereits im Septbr. v. J. der Minister die Regierungen auf die Publikationen für den Regierungs-Bezirk Wiesbaden[1]) aufmerksam gemacht und hinzugefügt: „Bei der Unentbehrlichkeit derartiger Unterlagen für die mehr und mehr an Bedeutung und Umfang gewinnende Forststatistik erachte ich es für zweckmäßig, daß in sämmtlichen übrigen Verwaltungsbezirken der Monarchie ähnliche übersichtliche Zusammenstellungen gefertigt werden." Es sollen dieselben alle 3 Jahre geliefert werden und wird die erste Serie zum 1. Juli 1883 erwartet. Hoffen wir, daß sie auch sofort publicirt werden.

Es ist dann weiter angeordnet, daß über die jährliche Preisbewegung in den Hauptholzarten und Sortimenten für die Staatswaldungen Berichte erstattet werden.

Ueber die forstlichen Verhältnisse von Hannover hat uns die Festgabe[2]) für die Besucher der Versammlung deutscher Forstmänner einen vortrefflichen Einblick gegeben.

Für Elsaß-Lothringen hat Oberförster von Berg statistische —

---

[1]) Statistische Beschreibung des Regierungs-Bezirks Wiesbaden. Herausgegeben von der Kgl. Regierung zu Wiesbaden, Heft II. Forststatistik bearbeitet vom Oberforstmeister Tilmann (Wiesbaden, Limbarth 1876) und Resultate der Forstverwaltung im Reg.-Bez. Wiesbaden (Wiesbaden bei Rud. Bechtold u. Comp.) Mit dieser Note wird auf Wunsch der Kgl. Reg. zu Wiesbaden, den Herr Forstmeister Sprengel mir mittheilte, die Notiz auf pg. 99 des vorigen Jahrgangs berichtigt.

[2]) Hannover, Klindworths Verlag und Druck.

leider nicht im Buchhandel erschienene — Arbeiten geliefert, über deren Existenz und Inhalt wir durch Professor Schuberg im Baurschen Centralblatt Ausführliches erfahren.

Aus Baden und Würtemberg sind Publikationen erfolgt.

Im Jahre 1878 ist zum ersten Male eine Aufnahme über die Bodenkultur des deutschen Reiches nach gleichmäßigen Vorschriften und Gesichtspunkten durchgeführt. Hierbei sind auch Angaben über die Größe der Forstflächen erlangt worden, welche uns in Karte Nr. 15 des Atlas der landwirthschaftlichen Bodenbenutzung, herausgegeben vom Kaiserl. Statistischen Amt (Berlin 1881), dargestellt werden. Der Text bemerkt, daß die Ermittelung der Flächen in Ermangelung genauer Vorschriften in mehreren Punkten nach verschiedenen Auffassungen erfolgen und daher Unsicherheiten mit sich führen konnte „erstens nämlich ist die Frage zu entscheiden, wie weit das von Forsten umschlossene Areal anderer Culturarten z. B. von Wiesen, Aeckern zur Forstfläche zu rechnen sei bezw. in sie eingerechnet ist und dann können über die Abgrenzung des Forstareales sowohl gegen Hütungen als gegen Oed= und Unland z. B. Rohrbestände in vielen Fällen Zweifel entstehen." Auch konnten in einigen Staaten neue Aufnahmen nicht gemacht werden und mußten ältere genügen. Die Karte giebt aber trotz dieser offen eingestandenen Mängel sicherlich die beste Uebersicht, die wir z. Z. überhaupt haben. Die Zahlen stehen zum Theil nicht unwesentlich im Widerspruch mit denjenigen, die bisher als die zuverlässigsten gelten mußten. Der Forstkalender von 1881 giebt z. B. die Fläche für Königsberg zu 20,0 %, für Gumbinnen zu 18,8 während die neuen Zahlen 19,2 resp. 16,8 % lauten. Der Forstkalender von 1882 bringt übrigens diese letzteren.

Wir geben hier einen Auszug aus den Tabellen, da sie nur Wenigen zugänglich sein werden, doch aber ein allgemeines Interesse beanspruchen. Das Maximum der Bewaldung finden wir im Allgemeinen in Gebirgsgegenden und in ebenen Bezirken, welche sehr geringen Boden haben, das Minimum in ebeneren Lagen mit hoher Fruchtbarkeit.

Bezeichnung der Staaten und Bezirke	Gesammtfläche in Quadratkilometern	In Prozenten hat an Gesammtfläche Antheil			
		Acker u. Gartenland	Wiesen	Weiden und Hütungen	Forsten und Holzungen
Deutsches Reich	53877	48,3	11,0	8,5	25,7
Preußen	34823	50,0	9,6	10,8	23,3
nämlich					
Königsberg	2111	53,1	11,5	9,4	19,2
Gumbinnen	1587	48,1	15,4	10,5	16,8
Danzig	796	52,2	8,8	12,4	18,8
Marienwerder	1753	55,1	6,2	9,9	22,3
Potsdam	2070	46,4	11,8	5,5	29,1
Frankfurt	1919	46,0	8,3	4,0	35,4
Stettin	1207	54,9	13,4	6,9	18,8
Köslin	1404	52,6	7,5	10,7	22,0
Stralsund	401	64,7	10,6	5,3	14,2
Posen	1751	63,0	7,9	3,8	20,1
Bromberg	1145	59,3	8,5	6,2	20,4
Breslau	1348	63,5	9,0	1,6	20,8
Liegnitz	1360	47,1	9,6	1,9	36,3
Oppeln	1321	55,8	7,3	2,1	29,4
Magdeburg	1150	56,4	10,1	7,3	20,5
Merseburg	1021	65,1	7,8	2,3	18,5
Erfurt	353	62,5	5,5	2,5	23,7
Schleswig	1884	57,6	10,9	17,9	6,1
Hannover	578	37,2	11,8	29,8	14,7
Hildesheim	512	47,5	7,0	5,3	35,1
Lüneburg	1151	31,0	9,9	35,0	18,8
Stade	669	27,9	11,0	47,1	5,4
Osnabrück	621	22,5	11,0	48,6	13,2
Aurich	311	35,0	12,5	41,0	2,0
Münster	725	40,2	7,0	29,4	18,4
Minden	525	51,1	9,9	13,1	20,5
Arnsberg	770	37,6	7,0	8,6	42,0
Kassel	1012	40,6	12,0	4,5	39,2
Wiesbaden	556	37,8	10,8	4,1	41,7
Koblenz	620	38,9	8,2	5,5	41,1
Düsseldorf	547	55,0	6,0	11,5	18,4
Köln	397	55,2	5,4	2,7	30,3
Trier	718	41,6	9,6	10,4	34,0
Aachen	415	43,4	7,9	17,9	26,3
Sigmaringen	114	45,8	10,5	7,1	33,1

Bezeichnung der Staaten und Bezirke	Gesammtfläche in Quadratkilometern	In Prozenten hat an der Gesammtfläche Antheil		
		Acker= u. Garten=land	Wiesen	Weiden und Hütungen	Forsten und Holzungen
Elsaß=Lothringen	1451	47,4	12,1	2,1	30,6
Baiern	7586	40,5	16,4	3,1	33,0
nämlich					
Oberbaiern	1705	34,6	20,5	3,4	32,0
Niederbaiern	1077	43,7	18,2	1,1	31,8
Pfalz	594	44,1	9,1	0,3	38,6
Oberpfalz	966	39,0	13,1	3,0	37,4
Oberfranken	700	42,4	15,5	2,5	34,4
Mittelfranken	756	46,3	12,7	2,7	32,8
Unterfranken	840	46,4	8,6	1,4	37,2
Schwaben	949	35,3	25,7	9,1	23,5
Sachsen	1497	54,3	12,4	1,0	27,7
Württemberg	1948	45,2	14,6	3,5	30,8
Baden	1474	41,7	12,8	2,3	37,5
Hessen	768	49,6	12,0	1,2	31,3
Mecklenburg=Schwerin . .	1330	57,1	7,8	5,1	16,8
Sachsen=Weimar . . .	359	55,8	8,7	3,5	25,3
Mecklenburg=Strelitz . . .	293	48,1	6,4	2,4	19,7
Oldenburg	641	29,4	11,8	43,9	8,7
Braunschweig	364	50,4	10,1	4,2	30,3
Sachsen=Meiningen . . .	247	41,5	11,1	2,3	41,7
Sachsen=Altenburg . . .	132	57,9	8,3	2,1	28,1
Sachsen=Cobnrg=Gotha . .	197	53,1	9,8	1,9	30,5
Anhalt	229	61,5	7,2	1,4	24,3
Schwarzburg=Rudolstadt . .	94	41,1	7,6	1,9	45,4
Schwarzburg=Sondershausen	86	59,0	4,6	2,1	29,8
Waldeck	112	43,4	8,0	6,4	37,9
Reuß ä. L.	32	40,5	16,9	1,9	36,5
Reuß j. L.	82	39,0	16,9	3,0	37,7
Schaumburg=Lippe . . .	34	45,2	10,7	8,9	22,8
Detmold*)	119	51,0	8,5	7,6	28,5
Lübeck	30	60,2	9,3	2,5	12,8
Bremen	26	24,7	38,0	21,6	1,6
Hamburg	41	46,8	8,2	18,0	2,3

*) Die Zahlen für Detmold sind in denen für das Reich nicht enthalten.

Dann ist weiter noch zu berichten über die Verhandlungen, die die Versammlung deutscher Forstwirthe in Hannover pflog. Auf der Tages-Ordnung stand in Folge der von Judeich in Wildbad gegebenen Anregung das Thema: Organisation der forstlichen Statistik und Referent Prof. Richter-Thdrand wie Correferent Forstmeister Kraft Hannover hatten Pläne entworfen. Beider Ansichten wichen aber sehr wesentlich von einander ab, so daß der Leser der vorher vertheilten Berichte kaum hoffen konnte ein Resultat aus den Verhandlungen entspringen zu sehen. Als ein großes Verdienst muß man es unter solchen Verhältnissen annehmen, daß beide Herren gemeinschaftlich noch einmal den Stoff vorher durchberiethen und nun vor die Versammlung mit einer Reihe von Anträgen traten, die vollständig Erreichbares vorschlugen und ohne Bedenken acceptirt wurden: Diese angenommenen Anträge lauten:

Die Versammlung deutscher Forstmänner wolle beschließen die deutschen Landes-Regierungen zu ersuchen

I. eine statistische Erhebung über folgende, zum Mindesten dabei zu berücksichtigenden Gegenstände anzuordnen

A. in zehnjährige Wiederholung

1. für die Staats- und unter Staatsaufsicht stehenden, ferner für sonstige mit genügender Forsteinrichtung versehenen Forsten über die Fläche der Forstgrundstücke unterschieden nach Holzgrund, Nebengrund und Unland sowie nach dem Besitzstande, ferner über die Fläche der zur Holzzucht bestimmten Forstgrundstücke, unterschieden nach Besitzstand, Standort, Bestand und Betrieb, sowie ihrer Eigenschaft als Wirthschafts oder Schutzwald

2. für die nicht unter 1 genannten Forsten über die Fläche der zur Holzzucht bestimmten Forstgrundstücke, unterschieden nach dem Besitzstand, mit Angabe der hauptsächlichsten Betriebsart, als Hochwald, Mittelwald, Niederwald und der vorherrschend den Bestand bildenden Holzarten, sowie ihrer Eigenschaft als Wirthschafts- und Schutzwald

B. in jährlicher Wiederholung für die Staats und unter Staatsaufsicht stehenden, sowie für sonstige mit genügender Forsteinrichtung versehene Forsten über Materialerträge, Wirthschaftsschäden, Maß, Preise und Löhne.

II. Die statistischen Erhebungen über die unter I genannten, zunächst als die nothwendigsten Grundlagen für jeden weiteren Ausbau der Forststatistik zu bezeichnenden Gegenstände auf Grund eines von Delegirten der Landesregierungen gemeinsam festzustellenden Planes zu organisiren.

Aus dem Unterrichtswesen.

Universität oder Akademie, diese brennende Streitfrage ist im Jahre 1881 in Württemberg zu Gunsten der ersteren entschieden: Hohenheim existirt als Forstakademie seit Ostern nicht mehr, Lehrer und Schüler sind nach Tübingen an die Universität gewandert. Hohenheims Lage war derartig, daß die Vortheile der Fachlehranstalt wenig zu Tage treten konnten und fast nur die Schattenseiten sich bemerkbar machten. An Versuchen eine Verlegung schon früher durch= zusetzen hat es nicht gefehlt, 1832 machte ihn Gwinner, 1854 der Finanzminister v. Kapp, 1865 die Kammer der Abgeordneten. Der Lehrerconvent im Jahre 1875 zur Begutachtung aufgefordert resolvirte: Wir verkennen im Principe die großen Vortheile nicht, welche das Studium der Forstwissenschaft ausschließlich an der Universität bietet, wir halten dagegen die Abtrennung des forstlichen Theiles von der Gesammt=Akademie für bedenklich für die Existenz des landwirthschaft= lichen Theiles desselben, dessen Fortbestehen wir als geboten ansehen; daß eine solche Begründung auf die Dauer nicht gelten konnte ist er= klärlich und so wurde denn die Verlegung bald von Neuem besprochen sowohl in der Kammer, wie in der IV. Jahres=Versammlung des württembergischen Forstvereins. Brennender wurde die Frage auch dadurch, daß der Besuch von München gestattet war und eine nicht unerhebliche Anzahl von Studirenden anzog. Die Entscheidung blieb übrigens bis zum Schlusse sehr ungewiß, ja die Finanz=Kommission erstattete der Kammer einen entschieden ablehnenden Bericht. Er hob hervor, wie man bei den bestehenden Einrichtungen nach den gemachten Erfahrungen wisse, daß dasjenige gelernt werden kann, was die Prüfungsverordnung von den Kandidaten verlangt. Durch die Ver= ordnung wird jedenfalls das in Hohenheim verbleibende Institut ge= schädigt und der Kostenaufwand erhöht. Und für diese Opfer wird

Ungewisses in den Kauf genommen. Bis jetzt ist es eine unerwiesene Annahme, daß die Forstbeamten auf einer Universität ungleich tüchtiger gebildet werden, als auf einer Fachschule, München hat die Probe erst zu bestehen. Der Antrag der Kommission auf Ablehnung fällt aber dennoch bei der Abstimmung mit 44 gegen 34 Stimmen (Allg. F. u. J. pg. 130.)

Die Verlegung des Unterrichts nach Tübingen wird auch im Prüfungswesen Aenderungen nach sich ziehen, über die zur Zeit bindende Beschlüsse noch nicht gefaßt zu sein scheinen. (F. Bl. pg. 364.)

Die übrigen Forstlehr=Anstalten haben in ihrer Organisation wenig Aenderungen erfahren. In Eberswalde ist die Zahl der Institutsreviere durch Theilung von Biesenthal und Hineinziehung von Freienwalde auf vier gestiegen.

Oberförster Runnebaum bisher in Freienwalde hat Eberswalde erhalten, und neu berufen ist Oberförster Zeising, welcher früher in Münden docirt hat. Runnebaum hat seine bisherigen Vorträge behalten, Zeising sind diejenigen über Volkswirthschaftslehre, Waldwerthberechnung und Forstverwaltungskunde übertragen. In Münden sind neue Hörsäle und Sammlungsräume in dem alten Schlosse daselbst ausgebaut.

Nach Gießen ist Dr. Schwappach als zweiter Professor berufen an Stelle von Stötzer, welcher in die Verwaltung zurückgetreten ist. Die Feier des 100. Semesters, welche in den Tagen vom 13. —15. Juni begangen wurde, gab voll Gelegenheit, auf die reiche Thätigkeit zurückzublicken: 752 Forst=Studierende hat Gießen während seines Bestehens gezählt, darunter eine stattliche Reihe, deren Namen in ehrenvollster Weise in die Annalen der Forstgeschichte eingetragen sind.

Ueber forstliches Prüfungswesen ist namentlich in Oesterreich sehr lebhaft verhandelt, und um so wichtiger sind dort die bezüglichen Besprechungen, als sie vor der Regelung der ganzen Frage eintreten und der Regierung einen tiefen Einblick auf die Convergenz und Divergenz der Meinungen eröffnen. Sowohl die österreichische Monatsschrift (p. 1. 233) wie das Hempel'sche Centralblatt bringen eine ganze Reihe von Artikeln und Referaten (p. 172, 294). Zur Orientirung darüber, um was es sich handelt, bringen wir aus einem Artikel von Guttenbergs folgenden Satz:

Der Kernpunct des Streites ist der, ob die forstliche Staats=
prüfung wie bisher aus zwei Stufen, einer für den technischen Hilfs=
dienst und einer für den Verwaltungsdienst zu bestehen habe oder ob
letztere den verschiedenen Anforderungen der Besitzer und des Forst=
dienstes selbst entsprechend wieder für sich in zwei Stufen zu theilen
wäre, deren eine dem Ausbildungsgrade der forstlichen Mittelschule
entsprechen, die zweite dagegen die volle hochschulmäßige Vor= und
Fachbildung voraussetzen und damit an Stelle der seit dem Jahre 1875
beim Ackerbauministerium bestehenden Aufnahmsprüfung in den Staats=
forstverwaltungsdienst treten würde.

Unter dem 21. August ist eine Verordnung über den forstlichen
Unterricht in Baiern erlassen. Durch dieselbe ist für den Eintritt
in die Verwaltungslaufbahn das Zeugniß der Reife eines im deutschen
Reiche gelegenen humanistischen oder Real=Gymnasii oder einer dem
Realgymnasium gleichstehenden Realschule I. Ordnung gefordert.
Angestellt werden nur solche Kandidaten, welche sich im Besitz
des Absolutorimus der Forstlehranstalt zu Aschaffenburg befinden
und die theoretische Schlußprüfung an der Universität München,
sowie das practische Staatsexamen mit Erfolg bestanden haben.
Aschaffenbnrg hat die doppelte Aufgabe, erstens den Aspiranten des
Verwaltungsdienstes die zu einem erschöpfenden Studium der Forst=
wissenschaft an der Universität und forstlichen Versuchsanstalt zu
München erforderliche Vorbereitung in den Grund= und Forstwissen=
schaften zu geben, zweitens Studirenden, die nicht auf Staatsdienst
reflectiren, die entsprechende Ausbildung zu gewähren. Der Unterricht
wird in zwei Jahrescursen ertheilt. Nach bestandenem Schlußexamen
haben die Anwärter der Verwaltung ihre Studien mindestens zwei
Jahre hindurch an einer deutschen Universität fortzusetzen und mindestens
ein Jahr die praktischen Uebungen an der forstlichen Versuchsanstalt
in München zu besuchen. Der Besuch der letzteren kann während
der Universitätszeit stattfinden.

Alljährlich wird in München eine theoretische Schlußprüfung
abgehalten, deren Wiederholung einmal zulässig ist. Ist sie bestanden,
so treten die Aspiranten drei Jahre lang in einem bayrischen Staats=
forstverwaltungsbezirke in die Praxis ein und melden sich dann zum

practiſchen Examen, welches alljährlich in München abgehalten wird. Auch hier iſt nur eine einmalige Wiederholung geſtattet.

In Preußen hat ſich gegen das obligatoriſche Geometer=Examen in ſeiner jetzigen Geſtalt bereits ſeit langer Zeit Oppoſition erhoben. Borggreve giebt derſelben (pg. 105 F. Bl.) auch öffentlich einen beredten Ausdruck. Es iſt nicht zu leugnen, daß namentlich in Bezug auf die Fertigkeit im Zeichnen viel verlangt wird, viel mehr als je ein Forſtbeamter gebraucht. Die Folge davon iſt, daß ein großer Theil der jungen Leute die Prüfungskarte zwei und dreimal zeichnen muß und im Ganzen mehr denn ein volles Lebensjahr mit Anfertigung derſelben zubringt. Verdorbene Augen ſind außerordentlich oft die Folge davon und eine Brille gehört, ich möchte faſt ſagen zum In= ventarium eines Forſtkandidaten. Hoffentlich werden die Beſtimmungen bald geändert und die Anforderungen auf ein Maß zurückgeſchraubt, die der ſpäteren Verwendung der Kenntniſſe und Fertigkeiten entſpricht. Dankenswerth erſcheint uns das Unternehmen des Feldmeſſers P. Frohwein zu Naumburg a/Saale, welcher für forſtliche Feld= meſſer=Aspiranten einen theoretiſchen und practiſchen Unterrichtscurſus eingerichtet hat. Das Honorar beträgt 200 Mark.

Für die Aufnahme in das reitende Feldjäger=Corps iſt es von jetzt ab nothwendig, daß das Dienſtjahr bei einem der Jägerbataillone oder dem Garde=Schützenbataillon abgedient wird.

Ueber die Ausbildung zum preußiſchen Förſter im Walde und bei den Jägerbataillonen bringt die Allg. F. J. pg. 217 beginnend eine Reihe von Aegidius unterzeichneten Aufſätzen, in welchen Lehr=, Militair= und Reſervezeit beſprochen und jeder der Antheil an der Ausbildung überwieſen wird.

Die Beſtrebungen den Unterricht bei uns ſyſtematiſcher und die Ausbildung gleichmäßiger zu machen, haben vielfach zu der meiner An= ſicht nach völlig irrthümlichen Anſicht geführt, daß die Ausbildung der Preußiſchen Förſter eine ungenügende ſei. Ich glaube, daß Alle, welche das Unterbeamtenperſonal in Preußen und anderwärts kennen, zugeben müſſen, daß der Preußiſche Förſter keinem ſeiner deutſchen Collegen nachſteht. Es vereinigt ſich in dieſem Stande eine durch civile und militäriſche Erziehung hervorgebrachte Pflichttreue neben vollſtändiger Beherrſchung der Aufgaben, die der Dienſt von ihnen

verlangt. Die alte Schule hat eine Menge von Beamten hervorge=
bracht, die selbst die gewöhnlichen laufenden Verwaltungsgeschäfte des
Oberförsters recht gut besorgen können. Wenn trotzdem die in Preußen
nie ruhende Kritik auch hier herangetreten ist und ändern will, so
handelt es sich hauptsächlich darum, die Möglichkeit einer guten Aus=
bildung Allen zu eröffnen und zu verhindern, daß an sich gut be=
fähigte junge Leute durch falsche Führung vom Ziel abkommen. Für
einen wesentlichen Nachtheil würde ich es halten, wenn die Ansprüche
an Bildung und Wissen zu hoch gespannt würden. Nur zu selten
bietet sich die Gelegenheit der Anwendung und Unzufriedenheit mit
der ganzen Stellung und dem Berufe ist dann leicht die Folge.

Oesterreich eröffnete am 1. November zu Gußwerk bei Mariazell
(Steiermark) und zu Hall (Nordtirol) k. k. Forstwirthschulen. Der
Besuch ist jungen Leuten mit guten Bürgerschulkenntnissen gestattet,
wenn sie vorher mindestens zwei Jahre bei den Arbeiten der Forst=
wirthschaft und ihrer Nebengewerbe beschäftigt waren. Der Cursus
währt von October bis Ende August, am Schlusse desselben wird
öffentlich die Prüfung abgehalten. Die Kosten des Aufenthalts auf
den Schulen werden zu 300 Gulden geschätzt.

In Sachsen ist eine neue Verordnung über die Prüfung von
Feldmessern erschienen, aus der wir hervorheben, daß Kandidaten,
welche das Reifezeugniß einer Realschule erster Ordnung oder eines
Gymnasiums oder das Abgangszeugniß der höheren Gewerbeschule zu
Chemnitz besitzen und in den mathematischen und physicalischen Dis=
ciplinen mindestens die Censur gut erlangt haben oder welche mindestens
ein Jahr lang mit Erfolg mathematischen und physicalischen Studien
auf einer Hochschule (Universität, Polytechnicum, Bergakademie, Forst=
akademie) obgelegen haben von dem theoretischen Theile der Prüfung
befreit sind.

Der seit einigen Jahren wieder wesentlich verstärkte Andrang zu
unserem Fach hat fast überall angedauert. Die Frequenz auf den
forstlichen Hochschulen ist eine sehr lebhafte.

Während des Sommer=Semesters waren immatrikulirt in Ebers=
walde 216 Studirende, in Münden 89, in München 107, in Aschaffen=
burg 79, in Tübingen 38, in Tharand 86, in Gießen 32, in Carls=
ruhe 20, in Eisenach 56, in Zürich 27.

Im Wintersemester betrug die Frequenz in Eberswalde 150, in Münden 81, in München (fehlt Nachricht), iu Aschaffenburg 80, in Tübingen 36, in Tharand 125, in Gießen 37, in Carlsruhe 16, in Eisenach 64, in Zürich 35.

Die Hochschule für Bodencultur in Wien zählte während des Schuljahres 1880/81 572 Studirende, von denen sich 230 dem landwirthschaftlichen uud 342 dem forstlichen Berufe widmeten.

Unter den in Preußen Studirenden befinden sich im Ganzen im Sommersemester 265 Reflectanten auf Staatsdienst während für das Wintersemester deren 188 vorhanden waren. An der ersten Zahl participiren 5 an der letzteren 4 Semester, das giebt einen Durchschnitt von rot. 100 Anwärtern pro Jahr! Der neue Forstkalender für 1882 zeigt uns an, daß 6 volle Jahrgänge von Oberförster=Kandidaten auf Anstellung warten. Selten kommt Jemand vor vollendetem 34. Lebensjahre heran. Wir haben also schon jetzt keine guten Anstellungs=Verhältnisse. Wie soll das aber künftig werden? Zur Vacanz kommen jährlich ungefähr 4% der vorhandenen Stellen, also ungefähr 32, und die gegenwärtige Anzahl der Studirenden könnte den Bedarf auf sechs volle Jahre decken!

In Baiern sind die jetzt obwaltenden Verhältnisse noch weniger günstig als in Preußen, Sachsen hat Oberförster = Kandidaten aus dem Jahre 1872, die noch auf Anstellung warten. Was man aus anderen deutschen Ländern hört, klingt ebenfalls nicht ermuthigend. Und dennoch überall ein Andrang, der es fast zur Pflicht macht, jungen Leuten von dem Eintritt in die Laufbahn abzurathen.

Vereinswesen und Ausstellungen.

Die Absicht, dem forstlichen Vereinswesen eine andere Organi= sation zu geben und ihm dadurch eine größere Wirksamkeit zu sichern, ist nicht verwirklicht worden. Wir müssen auch noch in der nächsten Zeit darin der Landwirthschaft nachstehen. Trotzdem blüht aber das Vereinswesen und erfüllt den Zweck gegenseitiger Anregung und Be= lehrung in vollstem Maße.

Die Versammlung deutscher Forstmänner tagte vom 17. bis

20. August in Hannover und behandelte folgende Fragen: a) Ist es mit Rücksicht auf die Thatsache, daß das Waldeigenthum nicht den gleichen gesetzlichen Schutz gegen Angriffe genießt, wie das sonstige Eigenthum, gerechtfertigt, eine Aenderung im Sinne gleichen Rechtsschutzes zu erstreben? b) Die Organisation der forstlichen Statistik. c) Wie ist das forstliche Vereinswesen in Deutschland zu örganisiren, um demselben eine größere Wirksamkeit zu sichern. d) Mittheilungen. Excursionen nach der Eilenriede, in den Deister und die Oberförsterei Springe.

Der schlesische Forstverein tagte vom 11. bis 13. Juli in Oppeln. Tagesordnung: a) Mittheilungen. b) Waldbeschädigungen. c) Welche Berechtigung haben die bekannten Borggreve'schen Anträge im Landes-Oekonomie-Kollegium, die Waldrodung betreffend, für Schlesien? d) Ist die Anlage von Eichenschalwald im Vereinsgebiete und insbesondere im waldreichen Theile Oberschlesiens zur Zeit anzurathen? e) Welche Culturarten haben sich im Vereinsgebiete bei der Anlage von Weidenhegern am besten bewährt, und wie hoch belaufen sich ihre Kosten? f) Erfahrungen über Bodenschutzholzerziehung überhaupt namentlich aber von Fichten unter Eichen. g) Welche Culturmethoden haben sich bei der Aufforstung mooriger durch Frost und wechselnden Feuchtigkeitsgrad leidender Wiesen und Bruchblößen bewährt. h) Bedeutung, Begegnung und Vergütung von Wildschaden. Excursion in die Oberförsterei Dembio.

Der pommersche Forstverein trat vom 3. bis 5. Juli in Cöslin zusammen. Themata: a) Mittheilungen. b) Inwieweit empfiehlt es sich, bei der Verpflanzung der Kiefer die natürliche Besamung zu Hilfe zu nehmen und event. welches Verfahren ist dabei anzuwenden. Excursion in die Oberförsterei Karnkewitz. Besichtigung der im Cösliner Stadtwalde belegenen Fischerei-Anlagen.

Der Märkische Forstverein besammelte sich am 28. und 29. Juni in Angermünde. Themata: a) Mittheilungen. b) Welchen Werth hat die Waldstreu für die Landwirthschaft; welche wirthschaftlichen Maßregeln können sie entbehrlich machen; welchen Nachtheil hat die Streuentnahme für den Wald zur Folge und bis zu welchem Grade ist sie höchstens zulässig? Excursion nach Wilmersdorf und Oberförsterei Gramzow.

Der Preußische Forstverein trat am 15. Juni in Memel zusammen. Themata: a) Insektensachen. b) Stockrodungen mit Sprengmitteln oder Maschinenkräften. c) Wildfütterung. d) Verjüngung der Kiefer. e) Berichte über neue Erfindungen und Versuche im Bereiche des forstlichen Betriebes. Excursion in das Forstrevier Sobbowitz. Besichtigung der Landwirthschaft des Amtsraths Hagen in Sobbowitz. Oberförsterei Nemonien und Besuch des großen Moosbruchs.

Der hessische Forstverein tagte zu Cassel am 12. und 13. August. Themata: a) Welcher Modification bedarf die Buchenhochwaldwirthschaft im Reg.-Bez. Cassel, beziehungsweise, welche Bestandsmischung ist zu empfehlen, um die Rentabilität des Waldes zu erhöhen. b) Erscheint es wünschenswerth die im Reg.-Bez. Cassel vorhandenen Eichenschalwaldungen zu erhalten resp. auszudehnen? Von welchem Einflusse ist die Mineralgerbung auf diese Frage? Excursion nach Wellerode.

Der Verein der nassauischen Land- und Forstwirthe hielt die Generalversammlung am 5. und 6. September in Eltville ab. Forstliche Kreise interessirte nur der zur Annahme gelangte Antrag, bei der Forstbehörde dahin zu wirken, daß die Abgabe von Waldstreu an Gemeinden und Private in Anbetracht des diesjährigen Streumangels ausnahmsweise gestattet werden möge. Die forstliche Beilage der Zeitschrift des Vereins berichtet über vier Winterversammlungen der Forstwirthe. Die Jahresversammlung sollte in Weilburg am 9.—11. Juni stattfinden, ist aber verschoben und scheint nicht stattgefunden zu haben.

Der Hils-Solling Forstverein beschloß mit Rücksicht darauf, daß die Versammlung deutscher Forstmänner in Hannover tage, in diesem Jahre keine Sitzung abzuhalten, dieselbe vielmehr auf 1882 zu verschieben.

Ueber die forstlichen Vereine in Baiern berichtet der Forstmeister v. Raesfeld zu München dahin, daß jetzt in jedem Regierungsbezirk ein Forstverein besteht. Die Organisation derselben weicht jedoch wesentlich von einander ab. Wirkliche Vereine d. h. solche mit ständigen Mitgliedern, festen Beiträgen existiren nur in der Pfalz in Unterfranken und Niederbaiern. Die Wanderversammlungen des oberbairischen, oberfränkischen und oberpfälzischen Vereins haben den Charakter der freiesten Vereinigung. Themata, über welche Verhandlungen stattfinden sollen, werden nicht vorher aufgestellt.

Das Hauptgewicht wird überall auf die Excursionen gelegt. Neben diesen Vereinen bestehen Sectionen für Waldpflege in den landwirthschaftlichen Bezirksvereinen. Sie haben den Zweck namentlich in den Kreisen des kleinen Waldbesitzes das Interesse an der Waldwirthschaft zu erhöhen und die Wirthschaft zu verbessern. Die Mittel, wodurch diese Sektionen wirken sind sehr verschiedener Art. In Gegenden, wo in jüngster Zeit große Flächen abgeholzt wurden, die aber nur durch Pflanzung wieder aufgeforstet werden können, werden mit Unterstützung des Vereins Saat- und Pflanzkämpe hergestellt, oder wo genug Pflanzen aus Staats- und Privatwaldungen bezogen werden können, wird die Beschaffung von dorther vermittelt und für Belehrung im Kulturbetrieb gesorgt. Wo die Saat mehr am Platze ist, wird auf Anmeldung der Waldbesitzer der nöthige Waldsamen aus zuverlässigen Quellen im Großen bestellt, wo durch Insektenbeschädigungen Gefahr droht, rechtzeitig gewarnt und an Ort und Stelle die Vorbeugung und Vertilgung erklärt. Endlich sucht man auch junge Leute namentlich Söhne von Waldbesitzern, im Forstkulturbetrieb praktisch zu unterweisen.

Der niederbayerische Forstverein tagte am 16. und 17. Juli in Zwiesel. Excursion in die Reviere Regenhütte und Zwieslerwaldhaus. Themata: a) Hat sich in gemischten Laub- und Nadelholzbeständen die regelmäßige Schlagwirthschaft bewährt oder ist eine Abweichung hierin und in welcher Richtung ausführbar und nothwendig.

Die Wanderversammlung der Forstwirthe im Regierungsbezirk von Schwaben und Neuburg trat am 20. und 21. Juni zusammen. Excursionen am 20. in die Wartei Straßburg der Oberförsterei Bergheim am 21. in den magistratischen Spitalwald Windach und in die Staatswaldungen des Reviers Bergheim.

Der Württembergische Forstverein tagte am 20. und 21. Juni und verhandelte das Thema: Welche Grundsätze lassen sich für die Ausführung der Durchforstung in Beständen der verschiedenen Altersstufen aufstellen. Excursion in den Altdorfer Wald.

Der Sächsische Forstverein behandelte in seinen Sitzungen

vom 9.—11. Juli folgende Themata: a) Wie ist das Hilfs= und Schutzpersonal auszubilden? b) Welchen Einfluß hat die Reinertrags=lehre auf die Bewirthschaftung der sächsischen Staatsforsten gehabt? c) Zu welcher Zeit und in welchem Grade ist die Räumung von Birken und Weichhölzern, namentlich Aspen in Nadelholzkulturen vor=zunehmen? Excursion in das Chemnitzer Revier und nach Bockau und Lauter.

Der Verein mecklenburgischer Forstwirthe hielt die Ver=sammlung in Hagenow am 11. und 12. Juli ab. Themata: a) Bodenbearbeitung zum Zwecke des Holzanbaues; b) Die herrschaft=lichen Rieselanlagen im Amte Hagenow; c) Referat der Kommission zur Veredlung der Jagdhunde; d) Mittheilungen. Excursion in das Eikhöfer Forstrevier.

Der Verein der Forstwirthe aus Thüringen trat in Meinin=gen zusammen am 26. und 27. September mit folgendem Programm: a) Erfahrungen aus dem Gebiete des Waldbaues und des forstwirth=schaftlichen Betriebes; b) Die Bedeutung der Kiefer für die Forst=wirthschaft des Thüringer Waldes; c) Durch welche Mittel läßt sich bei der Aufbereitung und beim Betriebe der Hölzer deren Absetzbar=keit und einträgliche Verwerthung fördern? Excursion in den Domänen=forst Henneberg und in die Fasanerie.

Oesterreichischer Forstcongreß. Sitzung vom 7.—9. März in Wien; Vertreten waren 14 Vereine. Themata: a) Mittheilungen über die Behandlung der Waldklimafrage auf der internationalen Conferenz für Land= und Forstwirthschaftliche Meteorologie; b) Re=ferat des niederöstr. Forstvereins über die Frage der Reform des Systems der forstlichen Staatsprüfungen und Verhandlungen darüber.

Der Oesterreichische Reichsforstverein hat keine Sitzung abgehalten.

Der Verein für Oesterreich ob der Enns versammelte sich am 10. und 11. September in Linz. Excursion nach Steyregg. Themata: a) Excursionsbesprechung; b) Mittheilungen; c) Einfluß des Winters 1880/81 auf den Wildstand und insbesondere jenen des Hochwildes; d) Bericht über die Verhandlungen des Forstcongresses und Besprechung des Programmes für den nächsten; innere Vereins=angelegenheiten.

5*

Niederösterreichischer Forstverein. Versammlung vom 17. bis 19. Juli in Wiener Neustadt. Excursion in den „Großen Föhrenwald." Besichtigung der Klenganstalt von Stainer und Hoffmann. Themata: a) Excursions = Wahrnehmungen; b) Mittheilungen über Culturen, Elementar = Ereignisse, Insekten; c) Waldsamengewerbe; d) Holzwaarengewerbe; e) Einführung meteorologischer Stationen; Jagdwesen.

Der Böhmische Forstverein hielt seine Sitzung in Rakowitz ab vom 8.—10. August. Besuch der Fürst Adolph Schwarzenbergischen Forsten. Themata: a) Excursions = Wahrnehmungen; b) Forstculturwesen; c) Ueberführung von Niederwäldern in Hochwald; d) Organisation des Forstl. Versuchswesens in Böhmen; e) Lichtungszuwachs der Buche während der Verjüngung.

Der Mährisch-schlesische Forstverein tagte vom 21. bis 23. August zu Znaim. Excursion in die Forste der Stadt Znaim und des Stiftes Pöltenberg. Themata: a) Welche Ursachen haben den schlechten Zustand mancher Wälder herbeigeführt und welche Maßregeln sind dagegen zu empfehlen; b) Ist der Akazie im südlichen Theile von Mähren mehr Aufmerksamkeit zu schenken? c) Erleichterung der Aufforstung und Einrichtung von Gemeindewäldern; d) Wahrnehmungen über Culturen und Insekten; e) Wie ist übermäßigen Anforderungen bei Waldschädenersätzen vorzubeugen; f) Wo sind im Gebiete forstmeteorologische Beobachtungsstationen zu errichten; g) Organisation des Versuchswesens.

Der Schweizerische Forstverein hielt seine Versammlung vom 14.—16. August in Monthey, Kanton Wallis ab. Themata: a) Trennung von Wald und Weide im Hochgebirge; b) Behandlung der Buchenniederwälder in Unterwallis. Excursionen nach Choex Champery und in die Marmorbrüche von Saillou.

In Hannover war vom 16.—24. Juli eine allgemeine land= und forstwirthschaftliche Ausstellung geöffnet, welche uns aber nach der forstlichen Richtung im Wesentlichen nur ein Specialbild lieferte aus den Hannoverschen Waldungen. Freilich bot dieses den reichhaltigsten Inhalt, indem es wie Danckelmann referirt (Z. f. F. u. J. pg. 562), die Gebirgsforstwirthschaft am Harz und Solling, die Hügellandforsten des Deister und der benachbarten Höhenzüge sowie die Waldwirthschaft des Flachlandes in vortrefflicher Weise zur Anschauung brachte. Die Waldwirthschaft des Harzes war unter anderem dargestellt durch ein vorzüglich gearbeitetes, die Wegenetzlegung und forstliche Eintheilung veranschaulichendes Gypsmodell von den in neuerer Zeit eingerichteten Forsten des nordwestlichen Harzes, durch Abschnitte von Stämmen aus den verschiedensten Standorten durch Pflanzmaterial, durch Aestungspräparate, die Holzindustrie durch eine reiche Sammlung ihrer Producte. Hohes Interesse erregten überall die vom Oberförster Müller gegebenen Scheiben und Darstellungen aus dem Seebachschen Lichtungsbetriebe.

Die eifrigen Bestrebungen des Landesdirectoriums der Provinz für die Aufforstung von Oedländereien sind bekannt. Karten, Tabellen machten uns mit den Erfolgen bekannt, Geräthe, Pflanzen und forstliche Produkte mit dem praktischen Betriebe.

Auch der Hannoversche Großgrundbesitz hatte die Ausstellung reich mit vielfach recht interessanten Stücken beschickt. Die herzoglich Arenbergsche Forstverwaltung zu Meppen erhielt den Ehrenpreis für die hervorragendste Leistung eines Privatforstbesitzers.

Mit der Gewerbe= und Industrie Ausstellung in Halle, welche vom 15. Mai bis 1. October geöffnet war, verband sich ebenfalls eine Ausstellung des Forst= und Jagdwesens. Beschickt war dieselbe in hervorragender Weise durch das Königreich Sachsen, den Reg. Bezirk Merseburg und Erfurt sowie durch das Herzogthum Anhalt. Von dem vielen Erwähnenswerthen heben wir besonders hervor die Darstellung des Forsteinrichtungsbetriebes im Königreich Sachsen, die Ausstellung der Akademie Tharand, die statistische Darstellung der Betriebsergebnisse im Regierungs=Bezirk Merseburg, das äußerst reichhaltige Material aus dem praktischen Betriebe der Preußischen Oberförstereien Merseburgs und Erfurts, die Collectiv=Ausstellung von Anhalt. Das einstimmige Lob, welches der forstlichen Abtheilung von Fachleuten und Laien gezollt wurde, spricht dafür, daß auch diese Ausstellung den Zweck erfüllt hat, anzuregen und zu belehren. Einen nicht unwesentlichen Antheil an diesem Erfolge müssen wir dem vom Forstmeister von Kujava gegebenen Erläuterungsberichte zumessen. Verständniß und Orientirung wurden dadurch in vortrefflicher Weise erleichtert.

Auch in Straßburg betheiligte sich die Forst=Verwaltung an

einer Ausstellung, die, wie wir aus Baur's Centralblatt (1882 pg. 47) entnehmen, sich lebhaften Beifalls erfreute.

„Die vom Deutschen Fischerei=Verein seit Jahren gestreute Saat fängt jetzt an Früchte zu bringen", — das ist die wesentlichste That=sache, welche der Bericht über die Verwendung der durch den deutschen Fischerei=Verein im Betriebsjahre 1880/81 vertheilten Fischeier und Fischbrut constatirt, wie er im 6. Circular des Vereins von Herrn von dem Borne=Berneuchen erstattet wird. Aus fast allen Theilen des deutschen Vaterlandes mehren sich die Mittheilungen über die günstigen Erfolge, welche durch die künstliche Fischzucht erzielt wurden, über den vermehrten Fang von Speisefischen, über die Verbesserung der Fischereien. Um nur einige Beispiele hervorzuheben, so zeigen jetzt die Schwarzwaldbäche einen enormen Reichthum an bereits mittel=großen Forellen und Salmlingen (einjährigen Lachsen). Im Bodensee wird der Felchenfang von Jahr zu Jahr reicher, der Saibling wird schon öfter gefangen, selbst die Madue=Maräne kommt schon vor, und es ist damit der Beweis geführt, daß durch die betreffenden Aus=setzungen des deutschen Fischerei=Vereins mehrere werthvolle Fischarten im Bodensee eingebürgert worden sind. Der Lachsfang im Rhein ist in steter Verbesserung begriffen. In Saar, Mosel, Main, Weser und Odermündung, insbesondere im Haff und an der mecklenburgischen Küste, sowie in der Weichsel nimmt der Lachsfang einen erfreulichen Aufschwung. Wo früher an der mecklenburgischen Küste 80—100 Lachse jährlich gefangen wurden, ist ihre Zahl jetzt über 2000 ge=stiegen. Nächst dem Lachsfang ist der Forellenfang ein immer günstigerer. In Ostpreußen, wie im Elsaß, in Baiern, wie in Schleswig=Holstein, ebenso im Harz und in den Thüringer Landen bevölkern sich selbst die kleinsten Bäche mehr und mehr mit den ver=schiedenen Forellenarten. Von anderen Fischen ist es schließlich noch der Karpfen, dessen bedeutende Vermehrung nachweisbar ist. Aus den weiteren Mittheilungen des Circulars ist hervorzuheben, daß der Verein nach wie vor großes Gewicht auf die Ausrottnng der gefährlichen Fischotter legt. Zur Nachachtung empfohlen wird ferner ein Erlaß der baierischen Regierung, wonach bei Verpachtungen von Fischwassern den Pächtern auferlegt werden soll, alljährlich eine entsprechende Anzahl Edelfischbrut in das erpachtete Fischwasser einzusetzen.

Patente.

Das Kaiserliche Patentamt giebt zugleich mit dem Patentblatt, welches die Bekanntmachungen enthält über die Anmeldung von Er= findungen behufs Erlangung eines Patentes, über die Zurückziehung der Anmeldung, über die Ertheilung oder Versagung eines Patentes, über Anfang, Ablauf, Erlöschen, Nichtigkeit, Zurücknahme und Ueber= tragung der Patente, auch Auszüge aus den Patentschriften, um die betheiligten Kreise alsbald und in bequemer Weise von dem wesent= lichen Inhalt der Erfindungen in Kenntniß zu setzen.

Bei Durchsicht dieser Beschreibungen erscheinen folgende Patente erwähnenswerth:

11836 Dauzevillé in Paris. Verfahren der Umwandlung von Holzmasse in Glucose und Alkohol und zugehörige Apparate.

11948 Gerken in Berlin. Neuerung an gewöhnlichen Percussions= schlössern. Zweck ein Auslösen des Hahnes nur dann zu gestatten, wenn der Schütze den Kolben fest gegen die Schulter setzt.

12296 Kohlrausch in Wien. Verfahren zur Gewinnung von Gerb= säure und Farbholzextract durch Dialyse.

12565 Goetjes und Schulze in Bautzen. Neuerung bei der Ge= winnung von Halbcellulose.

11927 Gustav Fükert in Weipert. Centralfeuergewehr (Spannen und Abfeuern erfolgt durch alleiniges Zurückziehen des Drückers).

12045 Siegmund in Neuwied. Entfernungsmesser.

12721 Ferd. Schultz Nachf. in Rostock. Schutz gegen das Ab= schießen brennender Rohr= und Strohdächer.

12477 Klinkerfues in Göttingen. Entfernungsmesser.

13075 Bernhard Geyer in München. Horizontalstellung für Meß= instrumente.

13080 Schlemminger in Horgankreut. Werkzeuge für Hügelpflanzung.

12408 C. Voos in Solingen. Vorrichtung an Gartenscheeren zum Festhalten abgeschnittener Pflanzentheile.

13102 H. Grothe in Berlin. Neuerungen an Steigeisen.

13337 Halbach und Möller in Hagen in Westfalen. Eissporn.

12980 Carl Schubert in Breslau. Holzleistengeflecht als Schalung für Zimmerdecken und Wände.

13152 W. Schuffenhauer in Zehlendorf. Biegsame Holzsohle für Schuhwerk.

13057 C. Schlickeysen in Berlin. Grabemaschine zum ununter‑ brochenen Graben, Verarbeiten, Formen und Ablegen des Torfes.

12559 Hartung in Braunschweig. Dressur‑Halsband für Hunde.

12377 Hohmann in Speier und Coradi in Zürch. Polarplanimeter.

13377 Timner in Coblenz. Cylinderverschluß für Hinterladergewehre.

12182 Bohne in Charlottenburg. Tascheninstrument zum Nivelliren und Messen von Verticalwinkeln.

12869 Siemens und Halske in Berlin. Electrischer Pflug.

12829 Nordmann in Dresden. Hölzerne Wagenräder mit gebogenen Speichen.

13864 Gustav Wolff in Frankfurt a. M. Präparat zum Füllen und Schließen von Holzporen.

13166 Hermann Kolbe in Hamburg. Quecksilberthermometer mit electrischer Alarmvorrichtung und verstellbarem Contact (wichtig für den Darrbetrieb!).

13250 Heeren in Paris. Neuerungen an Hinterladern mit senk‑ rechtem Blockverschluß.

13728 E. Dotter in Mainz. Ohne Schraubenzieher zerlegbares Gewehr.

13122 Heinrich Trenk in Berlin. Verfahren zum Schnellgerben und zur Verdichtung von Thierhäuten.

13840 Friebe in Mühlhausen. Veränderungen am Verschluß des Henry‑Martiny‑Gewehrs.

14208 Franz Börner in Cöln. Eiserne (!!) Rebstockpfähle.

13218 Finger in Coblenz. Alarmthermometer.

13357 Zarth und Splittgerber in Amsee. Entfernungsmesser.

13646 Klinkerfues in Göttingen. Rectifirirender Planimeter, Ellip‑ sograph und Pantograph.

14017 Nagaut in Lüttich. Neuerungen an Hinterladergewehren mit Blockverschluß.

14040 Bonehill in Birmingham. Neuerungen an Lefaucheux=Gewehren.

14516 L. Haase in Berlin. Vorrichtung zum Zerschneiden von Brennholz.

14582 Boegel in Buchau a. Federsee, Württemberg. Schnellgerb=methode.

14684. Oberförster Baumgarten in Forsthaus Grüna bei Chemnitz. Neuerung an Luftschiffen.

13798 Julius Krause in Kassel. Neuerung an Entfernungsmessern.

15204 Mauser in Oberndorf, Württemberg. Neuerungen am Cy=linderverschluß von Hinterladern.

15684 Vincens in Gau=Algesheim. Holzsohle mit beweglicher, wasserdichter Verbindung der Vordersohle mit dem Absatze.

15498 Wilhelm Jahn in Stettin. Tragbare Jagdkanzel.

15870 Fritz Drevenstedt in Kl. Ammensleben. Pendelvisir, welches das Verkanten der Büchse markirt.

15862 James Graf Pourtales. Verfahren, um Weidenruthen im Winter schälbar zu machen (werden 10—14 Minuten in ge=schlossenem Cylinder gedämpft, dann 24 Stunden in 37 bis 40° warmes Wasser gelegt).

16128 Emil v. d. Bosch, Berlin. Künstliche Dachs= und Fuchs=baue zur Dressur und Prüfung von Dachshunden, sowie für den Sport.

16114 Gotttob Glasey in Nürnberg. Verfahren zur Bereitung wasserundurchlässiger Wichsen.

16022 E. Harcke in Königslutter. Weißgerbung unter Zusatz von Kreosot oder Karbolsäure.

16306 Werner Jungschläger in Kirchen a/Sieg. Verfahren der Metallgerbung mit schwefelsaurer Thonerde, Chlornatrium, Kupfer= und Zinksalzen.

16309 Wilhelm Meißner in Stargard i. Pommern. Verfahren zur Herstellung feuersicheren Holzes.

15859 Georg Schmidbauer in Regensburg. Kombinirter Cylinder und Blockverschluß für Hinterladergewehre.

———

Literatur.

Die forstlichen Journale sind in Form, Zahl und Umfang wie sonst üblich erschienen. Die allgemeine Forst= und Jagdzeitung und das Tharander Jahrbuch haben neben den Monatsheften Supplemente gegeben. Von Burckhards Mittheilungen in zwanglosen Heften „aus dem Walde" haben wir ein Schlußheft erhalten, welches von dem Sohne Burckhardts aus dem literarischen Nachlasse zusammengestellt ist. Die Forst= und Jagdkalender von Behm und Judeich sind zum letzten Male gesondert erschienen, in Zukunft werden beide Autoren gemeinschaftlich die Arbeit übernehmen. Von Saalborns Jahresbericht über die Leistungen und Fortschritte in der Forstwirthschaft liegt der zweite Jahrgang vor, die Chronik ist von Sprengel bearbeitet.

Von Müttrichs Jahresbericht über die Beobachtungs Ergebnisse auf den metereologischen Stationen ist der V. und VI. Jahrgang ausgegeben.

Auf dem Gebiete der eigentlichen Forstwissenschaft sind verhältnißmäßig wenig neue Werke erschienen, der Schwerpunct der Production hat in der Journalliteratur gelegen. Dort ist viel geleistet, und es ist ein erfreuliches Zeichen, daß auch eine ganze Reihe von Collegen aus der Praxis sich immer lebhafter an der Besprechung der unsere Zeit bewegenden Fragen betheiligen. Eine Uebersicht des wesentlichsten Inhalts dieser Literatur ist in anderen Abschnitten dieser Chronik gegeben, gern hätte ich mehr und Ausführlicheres gebracht, aber es hätte nicht geschehen können, ohne den für die Darstellung bemessenen Raum zu überschreiten und deshalb ist es unterblieben.

Von selbstständigen Werken habe ich vor allen Dingen Gayers Waldbau zu nennen, der in zweiter verbesserter Auflage am Ende des Jahres ausgegeben wurde. (Berlin Parey. 12 M.) von Seckendorff gab „Beiträge zur Kenntniß der Schwarzföhre" (Wien Gerold 14 M.) der Kgl. Preuß. Oberförster Brünings schrieb „der forstliche und landwirthschaftliche Anbau der Hochmoore (Berlin Jul. Springer 2 M.)

Oberförster F. von Bodungen behandelte „die Aufforstung der öden Ebenen und Berge Deutschlands" (Straßburg Trübner 1,60 M.)

Von Landolt erschien ein öffentlich gehaltener Vortrag „der Wald und die Alpen" (Zürich Fr. Schulthess 0,90 M.) Fr. Jb. Dochnahl publicirte eine Anleitung zur Weidenzucht unter dem Titel: Die Band= nnd Flechtweiden und ihre Cultur als der höchste Ertrag des Bodens (Frankfurt a. M. Winter.) Endlich möchte ich hier anreihen Prof. Dr. Ebermayers neuestes Werk: Naturgesetzliche Grundlagen des Wald= und Ackerbaues I. Theil Physiologische Chemie der Pflanzen. Erster Band: Die Bestandtheile der Pflanzen. (Berlin, Jul. Springer, 16 M.)

Ueber ein Kapitel aus dem Forstschutze hat von Seckendorff geschrieben nämlich „Ueber Wildbach und Lawinen=Vorbauung, Aufforstung von Gebirgshängen und Dammböschungen oder inwieweit vermag der Forstmann auf die Sicherheit und Rentabilität des Bahnbetriebes einzuwirken" (Wien, Frick, 0,40 M.)

Forstconducteur Dr. Stiemer beantwortet die Frage: Wie sind unsere Moore nutzbar zu machen? (Riga Fluthwedel und Co. 1,50 M.) Ein Lehrbuch des Erdbaues lieferte Civil=Ingenieur Dr. Eb. Gieseler (Bonn Cohen und Sohn 3,60 M.)

In das Gebiet der Forstabschätzung haben wir zu rechnen von Baur die Rothbuche in Bezug auf Ertrag, Zuwachs und Form (Berlin, Paul Parey 6 M.) und Preßler Holzwirthschaftliche Tafeln mit populären Erläuterungen zur Praxis der Holzmeßkunst in ihrem ganzen Umfange in 3. verbesserter Auflage (Tharand und Leipzig Liebeskind 4,20 M.)

Forstrath Josef Friedrich bespricht „Das optische Distancemessen und dessen Beziehung zur directen Längenmessung mit besonderer Berücksichtigung des Ocularfilar=Schraubenmikrometers" (Wien Faesy und Frick 4,80 M.)

Auf dem Gebiet der Waldwerthberechnung ist es still gewesen, um so mehr regt es sich in der Forststatistik. Den Reigen eröffnet das forstliche Jahrbuch für Oesterreich=Ungarn von Wessely (Wien. Fromme 8 M.) Es enthält ein General Gemälde der Donauländer nach dem Stande der Dinge und Forschung von 1878—80. Noch am Schlusse des Vorjahres waren erschienen „Statistische Nachweisungen aus der Forstverwaltung des Großherzogthums Baden für das Jahr 1879. (Müllersche Hofbuchdruckerei.) Allgemeinen Inhalts ist das statistische Jahrbuch für das deutsche Reich, herausgegeben von dem statistischen Amte (Berlin Puttkammer und Mühlbrecht 2,40 M.) Ebendaher haben wir „die Bodencultur des deutschen Reichs" erhalten, einen Atlas der landwirthschaftlichen Bodenbenutzung nebst Darstellung der Forstfläche, (Berlin, Berliner lithogr. Institut 15 M.) Text und Tabellen erläutern die bildliche Darstellung. „Beiträge zur Kenntniß der forstwirthschaftlichen Verhältnisse der Provinz Hannover" (Hannover Klindworth) wurden den Mitgliedern der zehnten Versammlung deutscher Forstmänner zu Hannover von der Kgl. Finanz=Direction daselbst als Festgabe überreicht.

„Das forstliche Versuchswesen, insbesondere dessen Zweck und wirthschaftliche Bedeutung" besprach v. Seckendorff (Wien Faesy und Frick 1 M.) Derselbe Autor veröffentlichte von seinen Mit= theilungen aus dem forstlichen Versuchswesen Oesterreichs Heft 3 des zweiten Bandes (Wien Gerold 14 M.) Ganghofers Werk das forstliche Versuchswesen ist im ersten Band nunmehr vollendet.

Die Jubelfeier des mit der Gießener Universität verbundenen forstlichen Lehrinstituts brachte als Gedenkblatt aus der Feder von Heß: „Der forstwissenschaftliche Unterricht an der Universität Gießen in Vergangenheit und Gegenwart" (Gießen J. Ricker.)

Vogelgesang ließ die bereits in den forstlichen Blättern abge= druckten Gedanken über Forstorganisation besonders erscheinen (Leipzig, Greßner und Schramm 0,50 M.). G. Herrfurth brachte ein müh= sames Sammelwerk: das gesammte preußische Etats=Kassen= und Rechnungswesen einschließlich der Rechtsverhältnisse der Staatsbeamten (Berlin Carl Heymann 10 M.)

Revierförster Schefold behandelte Rechte und Pflichten des Privatwaldbesitzers zufolge des neuen Forstpolizeigesetzes vom 8. Sep= tember 1879 und des neuen Forststrafgesetzes vom 2. September 1879 (Biberach 0,80 M.), Regierungsrath Reinick Beiträge zur Wald= schutz= und Aufforstungsfrage mit besonderer Beziehung auf die Provinz Hannover (Hildesheim. Lax. 2,50 M.).

Die allgemeine Wirthschaftslehre gaben Professor Richter Tharand (Freiberg und Tharand Craz und Gerlach 5 M.). Dr. Ottomar Victor Leo unter dem Titel Allgemeine National= ökonomie (Jena Hermann Costenoble 2,40 M.). Von Roschers

System der Volkswirthschaft erschien der dritte Band „Nationalöko=
nomik des Handels= und Gewerbfleißes" in zweiter unveränderter
Auflage (Stuttgart, Cotta 12, M.). Ein weit enger begrenztes
Feld hält die Schrift von Dr. Martin ein: Die Forstwirthschaft
des isolirten Staates und ihre Beziehungen zur forstlichen Praxis
(Leipzig Pöschel und Trepte). Dr. Fr. Jentsch behandelte: Die
Arbeiterverhältnisse in der Forstwirthschaft des Staates. (Berlin,
Julius Springer, 2 M.)

Altums Forstzoologie ist nunmehr auch in der 1. Abtheilung
des dritten Bandes in neuer Auflage erschienen. v. Homeyer
theilt uns seine Forschungen mit über „die Wanderungen der Vögel
mit Rücksicht auf die Züge der Säugethiere, Fische und Insecten
(Leipzig Griben 8 M.). Schmidt=Göbel schrieb die schädlichen
und nützlichen Insecten in Forst, Feld und Garten (Wien Hölzel)
I. Abtheilung (10 M.). Die schädlichen Forstinsecten. Supple=
ment zur I. und II. Abtheilung (3,60 M.): die nützlichen Insecten,
die Feinde der schädlichen, II. Abtheilung (11,60 M.) die schädlichen
Insecten des Land= nnd Gartenbaues.

Die Herausgabe von der fünften Auflage von Dietrich Forst=
flora ist begonnen (Dresden Bänsch vollständig 90 M.) Professor
Frank brachte die zweite Hälfte eines Handbuches „die Krankheiten
der Pflanzen (Breslau Trewendt 8 M. complett 18 M.). In dritter
Auflage erschienen die Grundzüge der Botanik von Dr. Luerssen
(Leipzig Hässel 6 M.). Hermann Wagners illustrirte deutsche Flora
wird in neuer Auflage von Prof. Garcke in 20 Lieferungen à 75 Pf.
herausgegeben (Stuttgart, Thienemann) Brefeld veröffentlicht, das
IV. Heft „Botanische Untersuchungen über Schimmelpilze" (Leipzig
Felix 20 M.); Nördlinger „Anatomische Merkmale der wichtigsten
deutschen Wald= und Gartenholzarten (0,80 M. Stuttgart Cotta);
Rabenhorst „Kryptogamen=Flora von Deutschland, Oesterreich nnd
der Schweiz." Band I Pilze (Leipzig Kummer 4,80 M.). P. Sydow
die Moose Deutschlands (Berlin Stubenrauch).

Die Bearbeitung der neuen Ausgabe von Schlechtendal „Flora
von Deutschland" durch Professor Dr. Hallier (Gera Köhler) ist
fortgesetzt. Von Willkomms bekanntem Werke „Deutschlands Laub=
hölzer im Winter" liegt die dritte Auflage vor.

Döbners Botanik für Forstmänner ist in 4. Auflage vollständig neu bearbeitet durch Professor Dr. Friedr. Nobbe (Berlin Parey 15 M.).

Zahlreich ist die Literatur, welche die neue Gesetzgebuug hervorgerufen hat, wir nennen davon:

Professor Dr. August Geyer: Lehrbuch des gemeinen deutschen Strafproceßrechts (Leipzig Fues. 15 M.) Landgerichtsrath Huber: die Jagdgesetze Elsaß=Lothringens (Straßburg Heinrich und Schmittner 6,50 M.). Rönne Staatsrecht der preußischen Monarchie 4. Aufl. (Leipzig Brockhaus, erscheint in Lieferungen). Neubauer, Oberlandesgerichtsrath: Zusammenstellungen des in Deutschland geltenden Rechts betr. verschiedene Rechtsmaterien (Berlin v. Decker 4,50 M.). Wohlers: Geh. O.=Reg.=R. das Gesetz betreffend die Verfassung der Verwaltungsgerichte und des Verwaltungsstreitverfahrens vom dritten Juli 1875 und 2. August 1880. (Berlin Vahlen 2,80 M.) Bierer und Fritsch: das württembergische Forststrafgesetz vom 2. September 1879 nud das Forstpolizeigesetz vom 8. September 1879. (Eßlingen Lung 1 M.) die zweite Auflage von Daude: das Feld= und Forstpolizeigesetz vom 1. April 1880. (Berlin H. W. Müller 2 M.) Elben: das württembergische Forststrafgesetz vom 2. September 1879 (Stuttgart Kohlhammer 1,20 M.) Pfafferoth: die gesammten Organisationsgesetze für die innere Verwaltung des preußischen Staates (Berlin und Leipzig Guttentag 3 M.) Zander: die Feld= und Forstschutzgesetze nebst Erläuterungen. Für Preußen. 2. Aufl. (Leipzig Scholtze 2,80 M.) von Brauchitsch: die neuen preußischen Verwaltungsgesetze (Berlin Heymann 7 M.). Eberts: forstliche Rechtskunde Preußens (Leipzig Mertens 6,50 M.). Hue de Grais: Handbuch der Verfassung und Verwaltung in Preußen und dem deutschen Reiche (Julius Springer Berlin 7 M.) die erste Aufl. ist wenige Wochen nach dem Erscheinen bereits vergriffen gewesen! Dr. Kohli (Amtsrichter) die preußischen Jagdgesetze vom Allgemeinen Landrecht an bis auf die neuere Gesetzgebung. (Berlin H. W. Müller 1,60 M.).